MÉMOIRES

POUR SERVIR A L'HISTOIRE

ANATOMIQUE ET PHYSIOLOGIQUE

DES VÉGÉTAUX ET DES ANIMAUX.

IMPRIMÉ CHEZ PAUL RENOUARD,
RUE GARANCIÈRE, N° 5.

MÉMOIRES

POUR SERVIR A L'HISTOIRE

ANATOMIQUE ET PHYSIOLOGIQUE

DES VÉGÉTAUX

ET

DES ANIMAUX;

PAR M. H. DUTROCHET,

MEMBRE DE L'INSTITUT (Académie royale des Sciences) ET DE LA LÉGION-D'HONNEUR.

> Je considère comme non avenu tout ce que
> j'ai publié précédemment sur ces matières, et
> qui ne se trouve point reproduit dans cette
> collection. (10 mai 1837.)
> AVANT-PROPOS.

ATLAS.

PARIS

CHEZ J.-B. BAILLIÈRE,

LIBRAIRE DE L'ACADÉMIE ROYALE DE MÉDECINE;

RUE DE L'ÉCOLE-DE-MÉDECINE, 13 bis.

A LONDRES, MÊME MAISON, 219, REGENT-STREET.

1837.

EXPLICATION

DES PLANCHES.

~~~~~~

PLANCHE 1.

Fig. 1. — Endosmomètre composé d'un réservoir dont l'ouverture inférieure *bb* est fermée par un morceau de vessie, et dont l'ouverture supérieure est fermée avec un bouchon *c*, lequel est traversé par un tube de verre fixé à une planchette graduée *p p*.

Fig. 2. — Deux entonnoirs de verre *ac*, luttés l'un à l'autre par leurs ouvertures évasées, et ayant leurs cavités séparées l'une de l'autre par un diaphragme de vessie. Le tube *d* de l'entonnoir inférieur est plongé dans un vase *g*. Cet appareil est établi pour une certaine expérience d'endosmose.

Fig. 3. — Endosmomètre à tube recourbé pour mesurer la force de l'endosmose. *a*, réservoir fermé avec de la vessie *oo* et plongé dans l'eau d'un vase *h*; *b*, ouverture supérieure de l'endosmomètre dont le bouchon est maintenu avec un coin ; *c d*, branche ascendante du tube de l'endosmomètre fixée sur une planche graduée.

Les figures 4 et 5 sont établies pour servir à des démonstrations qui se trouvent dans le texte.

PLANCHE 2.

Fɪɢ. 1. — Trachée en partie déroulée. Le déroulement a lieu par la séparation en deux de la lame opaque. La membrane diaphane intermédiaire aux spires de cette lame opaque demeure intacte.

Fɪɢ. 2. — Terminaison d'une trachée en spirale conique.

Fɪɢ. 3. — Trachée ayant des globules fixés sur sa surface.

Fɪɢ. 4. — Fausse trachée de la vigne.

Fɪɢ. 5. — A, tubes fibreux de la vigne; B, tubes fibreux du *ruscus aculeatus*.

Fɪɢ. 6, 7, 8. — Coupes transversales faites sur des jeunes tiges de *clematis vitalba*.

Fɪɢ. 9. — Coupe transversale de la racine de l'*echium vulgare*.

Fɪɢ. 10. — Fragment d'une jeune branche de l'orme à liège ; *bbb*, liège disposé en saillies anguleuses; *a*, portion de la branche qui n'a point produit de liège.

PLANCHE 3.

Fɪɢ. 1. — Coupe verticale de l'aiguillon du rosier. *f*, tissu fibreux de l'écorce; *m*, médulle corticale.

Fɪɢ. 2. — Aiguillon du *zanthoxylum juglandifolium*.

Fɪɢ. 3. — Coupe verticale de l'écorce et du liège du l'orme. *a' a' a'''*, trois couches de liège; *b*, écorce située sous le liège ;

d d, écorce d'une partie de la branche sur laquelle il ne s'est point développé de liège. Cette partie possède un tissu fibreux *f* qui n'existe point dans la partie *b* de l'écorce qui a produit du liège; *t*, épiderme.

Fig. 4. — Coupe verticale de l'écorce et du liège d'une jeune branche du *quercus suber*. *f*, tissu fibreux de l'écorce; *m*, tissu médullaire de l'écorce; *a' a'' a'''*, trois couches de liège; *t*, épiderme.

Fig. 5. — Coupe verticale du liège du *tamus elephantipes*.

Fig. 6. — Vue microscopique de la coupe verticale des couches de liège *d e* de la figure 5.

PLANCHE 4.

Fig. 1, 2, 3. — Naissance et développement des racines du *nymphea lutea*.

Fig. 4. — Naissance et développement des racines et des tiges du *sparganium erectum*.

Fig. 5. — Tige de *potamogeton natans* servant à la démonstration de l'origine et de la nature différente des *feuilles stipules a a a*, et des *feuilles ramules c f h*.

Fig. 6. — Coupe transversale du pétiole de la feuille de la bourache.

Fig. 7. — Coupe transversale du pétiole de la feuille du pommier.

Fig. 8, 9, 10. — Développement progressif de la feuille de l'*hydrocotyle vulgaris*.

PLANCHE 5.

Fig. 1. — Végétations descendantes opérées par deux replis du bois et de l'écorce dans l'intérieur d'un mérisier.

Fig. 2. — Coupe verticale de ces deux végétations descendantes.

Fig. 3. — Effets produits sur une grosse branche de pommier par la décortication annulaire. Les couches annuelles *d* produites au-dessus de cette décortication se sont trouvées composées de rayons médullaires à l'exclusion des fibres verticales.

PLANCHE 6.

Végétations descendantes opérées par deux replis du bois et de l'écorce dans l'intérieur d'un saule.

PLANCHE 7.

Fig. 1. Coupe verticale d'une souche de *pinus picea* dont l'arbre a été abattu depuis 18 ans, et qui a continué néanmoins à s'accroître en diamètre par la production de couches ligneuses *b* et de couches corticales *e*, dont l'ensemble a recouvert la coupe *d* de l'arbre dont on voit ici l'ancien bois *s*.

Fig. 2. — Coupe verticale d'une souche de *pinus picea* qui a continué de s'accroître en diamètre pendant 92 ans après que l'arbre a été abattu. L'ancien bois de l'arbre n'existe plus ; sa place est occupée en partie par les nouvelles couches ligneuses et corticales repliées en volute *g* ; la ligne *b d* indique la limite de cet ancien bois de l'arbre qui a été détruit par la pourriture.

PLANCHE 8.

Fig. 1. — Branche d'érable dont les feuilles ont leur disposition opposée croisée normale.

Fɪɢ. 2. — Branche d'érable dont les feuilles ont pris la disposition alterne dans le même sens.

Fɪɢ. 3. — Branche d'érable dont les feuilles ont pris la disposition alterne à contre-sens.

Fɪɢ. 3*. — Branche d'érable qui est censée faire suite à la précédente et dont les feuilles sont en *quinconce* où en pentaphylles spiralés dirigés de gauche à droite.

Fɪɢ. 4.—Branche d'érable dont les feuilles ont pris la disposition alterne à contre-sens, mais d'une manière différente de celle qui a lieu dans la figure 3.

Fɪɢ. 4*. — Branche d'érable qui est censée faire suite à la précédente et dont les feuilles sont en quinconce ou en pentaphylles spiralés dirigés de droite à gauche.

Fɪɢ. 5. — Branche d'érable dont les feuilles sont alternes à contre-sens dans le bas et sont disposées dans le haut en triphylle spiralé dirigé de gauche à droite.

Fɪɢ. 6. — Branche d'érable dont les feuilles sont alternes à contre-sens dans le bas, et sont disposées dans le haut en triphylle spiralé dirigé de droite à gauche.

PLANCHE 9.

Fɪɢ. 1. — Branche d'érable dont les feuilles sont disposées en trois triphylles spiralés, qui se suivent régulièrement.

Fɪɢ. 2.—Branche d'érable portant trois triphylles spiralés, qui sont séparés les uns des autres. Les feuilles du triphylle spiralé intermédiaire 4, 5, 6, ont pris une position qui correspond aux intervalles des feuilles des deux autres triphylles spiralés 1, 2, 3, et 7, 8, 9.

Fɪɢ. 2*. — Branche d'érable qui est censée faire suite à la précédente et dans laquelle des feuilles de chaque triphylle spiralé de la fig. 2 se sont placées à la même hauteur de manière à former une verticille de trois feuilles.

Fig. 3.—Branche d'abricotier dont les feuilles sont disposées en pentaphylles spiralés qui sont ici au nombre de quatre. En ne considérant que la feuille la plus basse de chacun de ces pentaphylles spiralés *a, b, c, d, e*, on voit que ces feuilles *a, b, c, d, e*, sont elles-mêmes disposées en spirale sur la tige, ce qui n'a point lieu dans l'état normal.

Fig. 4. — Branche de laurier dont la première feuille correspond verticalement à la neuvième au-dessus.

Fig. 5. — Branche de pin dont le premier faisceau de feuilles géminées correspond verticalement au 22° au-dessus.

Fig. 6.—Indication de la situation des feuilles sur la branche de pin de la figure 5, en les supposant ramenées à la même hauteur sur une coupe horizontale de la branche.

PLANCHE 10.

Fig. 1.—*a* Embryon gemmaire, développé dans une feuille de renoncule bulbeuse ; *b*, le même embryon commençant à se développer en bulbille.

Fig. 2.—Le même embryon ayant produit une tigelle munie, à son sommet, de deux feuilles opposées et fort petites ; il a commencé aussi à produire des racines.

Fig. 3.—Forme des feuilles qui succèdent immédiatement à celles qui sont représentées dans la fig. 2 et qui ne ressemblent point encore à celles de la plante adulte.

Fig. 4.—Coupe verticale de la graine du *tamus communis* ; *a*, embryon situé à la base du périsperme composé de séries rectilignes et concentriques de cellules.

Fig. 5.—Cellules du périsperme de la graine du *tamus communis* très amplifiées. On voit que chaque cellule *a* contient dans son milieu un corps opaque *b* qui est un liquide granuleux contenu dans une cellule particulière.

Fig. 6.—Les mêmes cellules qui ont séjourné dans l'alcool ;

on voit que le liquide granuleux c, coagulé et diminué de volume par l'action de l'alcool, a abandonné une partie, b, de la cellule qui le contient et qui est située dans la cellule extérieure a.

Fig. 7. — Germination commençante de la graine du *tamus communis ; a*, graine ; *d*, embryon séminal globuleux sorti de la graine et qui commence à développer sa radicule b.

Fig. 8. — Germination accomplie de la même graine; a, embryon séminal globuleux formé par le second mérithalle de la plante ; b, radicule couverte de poils et qui tarde peu à mourir; c, cotylédon renfermé dans l'intérieur de la graine, dont le pourtour est ici indiqué seulement par une ligne circulaire ponctuée ; i, second cotylédon ayant forme de feuille et opposé au cotylédon c; f, feuille terminale du second mérithalle globuleux a; o, bourgeon qui continuera la tige.

Fig. 9. — *Tamus communis* dans sa seconde année. Le corps globuleux a est formé par un développement du second mérithalle a de la figure 8. Je le nomme *mérithalle fondamental ;* il est tubéreux et demeure souterrain. Les racines naissent sur tout son pourtour.

Fig. 10. — *Tamus communis* dans sa troisième année. Son mérithalle fondamental tubéreux p est devenu ellipsoïde.

Fig. 11. — Même mérithalle fondamental tubéreux, âgé de quelques années. Il s'allonge comme une racine par son extrémité inférieure p.

Fig. 12. — Le même encore plus âgé et commençant à se bifurquer en p'. Son extrémité inférieure p, qui est blanche et molle, ressemble à une grosse spongiole de racine.

Fig. 13. — Le même, bifurqué et s'accroissant par ses deux extrémités inférieures p, p'.

PLANCHE 11.

Fig. 1. — Coupe verticale du mérithalle fondamental tubéreux représenté dans la figure 9 de la planche 10.

Fig. 2. — Coupe horizontale du même.

Fig. 3. — Coupe verticale du même, lorsqu'il est devenu ellipsoïde.

Fig. 4. — Coupe horizontale de la tige du *tamus communis*.

PLANCHE 12.

Fig. 1. — Nodule ligneux du cèdre vu par son côté qui regardait le bois de l'arbre. Il est dépouillé de son écorce particulière *a*.

Fig. 2, 3, 4 et 5. — Formes diverses des nodules ligneux du cèdre.

Fig. 6. — Coupe verticale d'un nodule ligneux du hêtre.

Fig. 7. — Coupe horizontale du même nodule ligneux. On voit par ces deux coupes, que le nodule ligneux est entièrement composé de rayons concentriques, et qu'il s'est accru en grosseur par couches successives.

Fig. 8. — Coupe verticale d'un autre nodule ligneux du hêtre.

Fig. 9. — Coupe verticale du nodule ligneux du cèdre, représenté par la figure 3. Sa pointe *b* touche au bois de l'arbre.

Fig. 10. — Nodule ligneux du hêtre, représenté en place sur l'arbre et coupé verticalement; il a produit une petite tige.

Fig. 11. — Nodule ligneux du cèdre, représenté en place sur l'arbre et coupé verticalement. Il touche au bois de l'arbre par sa pointe *b*, et il a produit une petite tige *a* par son extrémité opposée.

Fig. 12.—Décortication annulaire *aa* pratiquée sur un nodule ligneux du cèdre.

Fig. 13.—Coupe verticale du nodule ligneux précédent, faite un an après la décortication annulaire. On y voit que la partie du nodule ligneux qui regarde l'arbre, a seule produit une couche nouvelle *d d.* La partie *b* de ce nodule ligneux qui regarde le dehors, a été frappée de mort.

Fig. 14.—Base d'une branche nouvelle du peuplier de Virginie; elle se détache avec beaucoup de facilité de l'arbre.

Fig. 15.—Branches nouvelles du même arbre. On voit en *a a* la ligne transversale qui indique le défaut de continuité du corps ligneux de la branche avec le corps ligneux de l'arbre.

PLANCHE 13.

Fig. 1 et 3.—Vue des deux côtés opposés d'une énorme loupe développée sur un jeune hêtre.

Fig. 2.— Coupe verticale de cette loupe. On voit qu'elle a été produite par le développement d'un nodule ligneux *a*, qui s'est confondu par adhérence avec le corps de l'arbre, mais qui a cependant conservé la structure à rayons concentriques propre aux nodules ligneux.

PLANCHE 14.

Fig. 1.—Coupe transversale de la tigelle radiciforme de la betterave, lorsqu'elle n'a encore que trois à quatre millimètres de diamètre; *a*, parenchyme cortical qui disparaît de bonne heure; *b*, partie interne et très mince de l'écorce, partie qui subsiste seule plus tard. On distingue déjà quatre couches au système central.

Fig. 2.—Jeune betterave telle qu'elle est peu de temps après la germination. La tigelle *b* est souterraine, elle ne présente en dessus du sol *s s* que son sommet *a*, qui porte les deux feuilles cotylédonaires. La racine *c* naît au-dessous d'un petit renflement que possède inférieurement la tigelle radiciforme.

Fɪɢ. 3. — Portion de tige de *mimosa entada*. Sa partie inférieure *a* est contournée en spirale de gauche à droite, sa partie supérieure *b* est contournée en spirale de droite à gauche. Les bourgeons *oo* suivent la direction de ces deux spirales.

Fɪɢ. 4. — Coupe horizontale de cette même tige qui est très excentrique. Sa moelle est en *a*, elle est recouverte par une couche mince de tissu fibreux *b*. *o*, est un des bourgeons de cette tige.

Fɪɢ. 5. — Coupe transversale de la tige du *myriophyllum spicatum*. On voit en *a* les ouvertures des douze canaux pneumatiques de cette tige.

Fɪɢ. 6. — Valve de gousse de légumineuse desséchée et contournée en spirale.

Fɪɢ. 13. — La même valve à moitié déroulée, pour faire voir le mécanisme de son contournement.

PLANCHE 15.

Fɪɢ. 1. — Fleur en bouton de *mirabilis jalappa*.

Fɪɢ. 2. — Même fleur épanouie, ou dans l'état de réveil.

Fɪɢ. 3. — Même fleur fermée, ou dans l'état de sommeil.

Fɪɢ. 4. — Vue au microscope de la coupe longitudinale d'une des nervures de la corolle du *mirabilis jalappa*; *a*, côté externe; *b*, côté interne; *c*, tissu cellulaire incurvable par turgescence de liquide; *d*, tubes pneumatiques; *f*, tissu fibreux incurvable par turgescence d'oxigène; *g*, cellules pneumatiques superficielles.

Fɪɢ. 5. — Fleur en bouton de *mirabilis jalappa*, à laquelle on a enlevé toute la partie évasée de la corolle, en ne laissant subsister qu'une seule des nervures, laquelle se courbe en dedans étant plongée dans l'eau.

FIG. 6. — Même fleur épanouie traitée comme la précédente, Plongée dans l'eau, sa nervure se courbe en dehors.

FIG. 7 et 8. — La nervure qui, plongée dans l'eau, s'était d'abord courbée en dehors comme on le voit dans la figure 6, abandonne cette courbure au bout de quelques heures et se courbe en spirale en dedans, comme le représentent les deux figures 7 et 8.

FIG. 9. — Même fleur, dont une nervure a été fendue en deux; la moitié externe c se courbe en dehors, et la moitié interne f se courbe en dedans.

FIG. 10. — Fleur en bouton d'*ipomea purpurea*.

FIG. 11. — Demi-fleuron de la fleur du pissenlit dans l'état de réveil.

FIG. 12. — Le même demi-fleuron dans l'état de sommeil.

FIG. 13. — Le même demi-fleuron dans l'état de réveil exagéré, tel qu'il a lieu lorsque ce demi-fleuron est plongé dans l'eau non aérée.

FIG. 14. — Vue au microscope de la coupe longitudinale de l'une des nervures du demi-fleuron de la fleur du pissenlit; b, côté interne; a, côté externe. c, tissu cellulaire incurvable par turgescence de liquide; d, tubes pneumatiques; f, tissu fibreux incurvable par turgescence d'oxigène; g, cellules pneumatiques superficielles.

PLANCHE 16.

FIG. 1. — Coupe transversale du renflement moteur d'une foliole de la feuille de haricot. s, côté supérieur; i, côté inférieur; c, tissu cellulaire incurvable par turgescence de liquide et composé de cellules qui décroissent principalement de grandeur du dedans vers le dehors, ce qui fait que l'incurvation de ce tissu cellulaire tend à s'opérer vers le dehors. b, cellules pneumatiques. f, couche de tissu fibreux incurvable par oxigénation. *d*, trachées remplies d'air et dont les faisceaux sont séparés par des rayons qui partent du centre *a*, lequel est occupé par du tissu fibreux semblable à celui de la couche *f*.

Fig. 2. — Coupe longitudinale de la moitié inférieure du renflement moteur de la foliole du haricot. Les mêmes lettres indiquent les mêmes objets dans cette figure et dans la figure 1.

Fig. 3. — Coupe transversale du renflement moteur du pétiole de la feuille de sensitive. *s*, côté supérieur; *i*, côté inférieur; *c*, tissu cellulaire incurvable par turgescence de liquide et composé de cellules qui décroissent principalement de grandeur du dehors vers le dedans, ce qui fait que l'incurvation de ce tissu cellulaire tend à s'opérer vers le dedans. *b*, cellules pneumatiques; *f*, couche de tissu fibreux incurvable par oxigénation; *d*, tubes pneumatiques; *a*, faisceau central de tissu fibreux semblable à celui de la couche *f*, et mêlé de quelques tubes pneumatiques.

Fig. 4. — Coupe longitudinale de la moitié inférieure du renflement moteur du pétiole de la feuille de sensitive. Les mêmes lettres indiquent les mêmes objets dans cette figure et dans la figure 3.

Fig. 5. — Coupe transversale du renflement moteur du pétiole de la feuille de l'*hedysarum strobiliferum*. *s*, côté supérieur; *i*, côté inférieur. *c*, tissu cellulaire incurvable par turgescence de liquide et composé de cellules qui décroissent principalement de grandeur du dedans vers le dehors, ce qui fait que l'incurvation de ce tissu cellulaire tend à s'opérer vers le dehors. *f*, couche de tissu fibreux incurvable par oxigénation. *d*, tubes pneumatiques dont les faisceaux sont séparés par des rayons partant du centre.

Fig. 6. — Portion de tige de sensitive portant deux feuilles dont on ne voit ici que la partie inférieure des pétioles occupée par les renflemens moteurs *a* et *c*. En *a*, le renflement moteur est droit et le pétiole est redressé, ce qui constitue l'état de réveil :

en *c*, le renflement moteur est courbé vers la terre, ce qui dirige le pétiole dans le même sens ; c'est l'état de sommeil.

Fig. 7. Portion de tige d'*hedysarum strobiliferum*, portant deux feuilles, dont on ne voit ici que la portion inférieure des pétioles, à la base de chacun desquels existe un renflement moteur *c, c*. Le pétiole *b* est dans l'état de réveil ; le pétiole *a* est dans l'état de sommeil.

PLANCHE 17.

Fig. 1. Coupe transversale de la radicule du haricot.

Fig. 2. Coupe transversale de la jeune tige du haricot.

Fig. 3. Tige ou hampe de la fleur du pisseolit fendue en deux pour démontrer la manière dont s'opère le redressement des tiges vers le ciel.

Fig. 4. Radicule du haricot fendue en deux, pour démontrer la manière dont s'opère l'inflexion des racines vers la terre.

Fig. 5. A, graine germée, dont la tige et la racine sont placées tangentiellement à une roue. B, par l'influence du mouvement de rotation de la roue, la tige s'est fléchie vers le centre de la rotation et la racine en sens opposé. C, petite feuille dont le pétiole est fixé par sa base à la circonférence de la roue. D, même feuille qui, par l'effet du mouvement de rotation, a fléchi son pétiole de manière à diriger son sommet qui porte le limbe vers le centre de la rotation.

PLANCHE 18.

Fig. 1. Tige de luzerne qui s'est fléchie vers la lumière.

Fig. 2. Même tige dont la portion fléchie a été fendue en deux. La moitié *b*, qui était dirigée vers la lumière, c'est courbée plus profondément après cette division ; la moitié *a* s'est redressée. La ligne ponctuée *c d* indique la courbure de la tige avant sa division en deux moitiés.

Fɪɢ. 3. Tige de lierre qui croissait appliquée sur le tronc d'un arbre, et qui, en ayant été détachée, a été fendue en deux. La moitié *a*, qui était appliquée sur l'arbre, s'est courbée très profondément après cette division ; cette courbure a lieu dans le sens opposé à celui de l'afflux de la lumière. La moitié *b* est demeurée presque droite ou ne s'est fléchie que légèrement vers le dehors.

Fɪɢ. 4. Coupe transversale d'une jeune tige de *phytolacca decandra* ; *c*, médulle centrale ; *f*, couche fibreuse du système central disposée par faisceaux ; *a*, écorce entièrement composée de cellules qui décroissent principalement de grandeur du dehors vers le dedans, ce qui fait qu'elle tend à se courber vers le dedans par turgescence de liquide.

Fɪɢ. 5. Coupe transversale de la partie très jeune et encore herbacée d'une tige de lierre ; *c*, médulle centrale ; *f*, tissu fibreux du système central ; *a*, écorce entièrement composée de cellules qui décroissent principalement de grandeur du dedans vers le dehors, ce qui fait qu'elle tend à se courber vers le dehors par turgescence de liquide.

Fɪɢ. 6. Tige et feuille de pommier renversées vers la terre.

Fɪɢ. 8. Retournement de cette feuille par l'inflexion de son pétiole vers la lumière.

PLANCHE 19.

Fɪɢ. ɪ. Feuilles renversées de chèvrefeuille, qui se sont retournées en partie par le moyen de la torsion de leur limbe.

Fɪɢ. 2. — Feuille de graminée qui, par le moyen de la torsion de son limbe, a dirigé sa face inférieure vers le ciel.

Fɪɢ. 3. — Fleur peloriée du cityse des Alpes, ou *faux ébé-*

nier. a, pétale qui, dans la fleur normale, aurait été le pavillon ; *c, e*, pétales qui auraient été les deux ailes de la fleur normale ; *d*, pétale nouveau étranger à la fleur normale et opposé au pétale *a*. Les quatre pétales *a, c, d, e*, forment un premier verticille floral : les deux pétales *bb* alternes avec les pétales *e, a, c*, auraient été unis l'un à l'autre pour former la carène de la fleur normale : ici ils composent seulement deux des quatre élémens du second verticille floral alterne avec le premier. Deux pétales manquent évidemment en *o o*.

Fig. 4. — Pistil de la fleur de l'amandier. L'ovaire contient deux ovules.

Fig. 5. — Ovule de l'amandier peu de temps après la floraison.

Fig. 6. — Ovule de l'amandier dont le nucel a percé l'enveloppe extérieure et montre sa pointe en *a*.

Fig. 7. — Ovule de l'amandier 45 jours après la floraison. *f*, primine ayant dans son épaisseur une raphe *i, g; d*, secondine périsperme; *a*, sac embryonnaire contenant à son sommet l'embryon *o*, et continu à sa base avec une hypostate *b*, qui est suivie de deux autres, lesquelles sont elles-mêmes la terminaison d'une tige filiforme *c*, qui tire son origine du point *g*.

Fig. 8. — Le sac embryonnaire *a* grossi de même que les trois hypostates qui sont à sa suite. L'embryon *o* commence à se diviser en deux cotylédons.

Fig. 9. — Le même ovule 80 jours après la floraison. On y voit avec plus de développement que dans la figure 7, l'embryon *o*, le sac embryonnaire *a* et les hypostates *b*. La secondine périsperme *d* est considérablement diminuée de volume.

Fig. 10. — Ovule du fusain. Sa base est placée dans une cupule *ff* qui, par son développement, deviendra l'arille. Une raphe *i* vient aboutir à son sommet *d*.

Fig. 11. — Le même ovule plus âgé et dépouillé de son arille. *c*, primine; *b*, secondine périsperme composée deran-

2,

gées concentriques de cellules disposées par couches successives ; *h*, cavité centrale remplie de liquide ; *i*, raphe s'étendant
de la base *e* de l'ovule à son sommet *d* ; *a*, embryon.

Fɪɢ. 12.—Graine mûre du fusain. *ff*, arille offrant en *g* une
ouverture ; *c*, primine ; *b*, secondine périsperme ; *i*, raphe
s'étendant de la base *e* de la graine à son sommet *d*.

PLANCHE 20.

Fɪɢ. 1. — Petite portion de l'ovule du *pisum sativum* encore
très jeune. *a* embryon globuleux contenu , ainsi que les deux
hypostates *b c* qui le suivent, dans l'épaisseur *d* des parois de
l'ovule.

Fɪɢ. 2.—Petite portion du même ovule un peu plus âgé.
L'embryon *a* divisé en deux cotylédons est situé dans la cavité
de l'ovule , ainsi que l'hypostate *b* qui le suit. L'autre hypostate est encore dans l'épaisseur des parois de l'ovule , elle est
unie au point *g* avec l'extrémité de la raphe.

Fɪɢ. 3.—Même ovule encore plus âgé ; *a*, embryon tenant
par son extrémité inférieure à l'hypostate *b* qui de même que
la seconde hypostate *c* est située dans la cavité de l'ovule ; *d*,
secondine ; *e*, primine dans l'épaisseur de laquelle est une raphe
d qui s'étend de la base *f* de l'ovule à son sommet *g*.

Fɪɢ. 4.—Ovule du châtaignier ; *d*, embryon contenu dans le
sac embryonnaire terminé par une sorte de boyau *g* et se conti-
nuant à sa base avec une hypostate *c* qui possède une cavité remplie de liquide. *a*, primine ou enveloppe extérieure de l'ovule.

Fɪɢ. 5.—Le même ovule plus âgé ; *d*, embryon dont on ne
voit plus le sac embryonnaire ; *c*, hypostate périsperme ; *i*, cavité centrale de cette hypostate ; *a*, primine ; *b*, point d'attache
de l'ovule.

Fɪɢ. 6.—Graine du *galium aparine* ; *a*, péricarpe ; *b*, périsperme au milieu duquel est l'embryon *f*; *c* ; placentaire dont le parenchyme est de couleur verte.

Fig. 7.—Même graine plus développée. Le périsperme ou sac embryonnaire périspermique a envahi par son développement tout le pourtour du placentaire *c*.

Fig. 8. — Graine du *spinacia oleracea*; *a*, induvie; *b*, péricarpe membraneux ; *c*, sac embryonnaire ployé autour du périsperme *d* ; *g*, embryon. Le périsperme est véritablement un placentaire qui ne diffère de celui du *galium aparine* (fig. 7) que parce qu'il est farineux.

Fig. 9. Même graine coupée dans le sens de son épaisseur. Les lettres indiquent les mêmes objets que dans la figure 8.

Fig. 10.—Graine du *mirabilis jalappa*; *a*, induvie ; *b* péricarpe carcérulaire ; *d*, sac embryonnaire, dans lequel commence à apparaître l'embryon *g* ; *c*, périsperme central. Ce périsperme est, comme celui du *spinacia oleracea*, un placentaire farineux.

Fig. 11.—Ovule du *nymphea lutea* ; *f*, enveloppe extérieure de l'ovule ; *g*, raphe aboutissant au sommet de l'ovule *d*; *c* , seconde enveloppe de l'ovule recouvrant immédiatement le périsperme *b*. L'embryon *a*, *i*, est composé d'une enveloppe *a* que je considère avec Gærtner comme un cotylédon unique et de deux feuilles rudimentaires *i* renfermées dans cette enveloppe.

PLANCHE 21.

Fig. 1.—Ovaire du seigle ; observé cinq jours après la floraison; *a*, péricarpe; *b*, ovule ouvert par la moitié, laissant voir ainsi sa cavité centrale *d* et le repli *c* qui forme le sillon qu'il offre extérieurement.

Fig. 2.—Le même, observé treize jours après la floraison.

Les mêmes lettres indiquent les mêmes objets. On commence à apercevoir l'embryon *g*.

Fig. 3.—L'embryon séminal du seigle très grossi.

Fig. 4. Le même, un peu plus âgé. On voit en *a* une fente longitudinale. L'embryon tient à la secondine par sa pointe *d*.

Fig. 5. — Le même embryon, pourvu d'une feuille cotylédonaire formée par la scissure de la partie *b* de la fig. 4, scissure qui s'est opérée en *a* de la même figure. Dans la fig. 5, la plumule se trouve ainsi découverte et se montre en *a*; *c*, partie inférieure ou radiculaire de l'embryon, laquelle présente à sa suite un corps conique ayant intérieurement une cloison transversale *g*.

Fig. 6. — Embryon du seigle, quarante jours après la floraison. La feuille cotylédonaire *b* est devenue scutelliforme : elle présente à sa surface antérieure un repli saillant *f*; *a*, plumule; *c*, radicule ou plutôt coléorhize renfermant la radicule future.

Fig. 7. — Le même embryon, vu de côté.

Fig. 8. — Embryon du seigle, quarante-cinq jours après la floraison; *b*, scutelle qui s'est allongée considérablement par sa base, laquelle est terminée en pointe *o*; *a*, plumule à la base de laquelle apparaît un petit corps *b* qui est considéré comme un second cotylédon.

Fig. 9.—Embryon du seigle; 55 jours après la floraison; *d*, scutelle; *a*, plumule ou premier cotylédon; *b*, second cotylédon; *c*, radicule renfermée dans sa coléorhize.

Fig. 10. — Ergot du seigle; *b*, corps de l'ergot produit par un développement morbifique de l'ovule; *a*, sommet de l'ergot produit par le développement morbifique du péricarpe.

PLANCHE 22.

FIG. 1 et 2.—*Byssus* naissant et projetant ses rameaux en rayonnant sur une planche à bouteilles dans une cave.

FIG. 3. — Le même *byssus* très développé.

FIG. 4 et 5.—Filamens du *byssus* qui, arrivés dans leur accroissement aux bords de la planche, demeurent pendans par faisceaux.

FIG. 6. — *Cantharellus*, fruit du *byssus*, commençant à naître dans l'intérieur du faisceau pendant de filamens.

FIG. 7. — Le même plus avancé dans son développement.

FIG. 8. — Le même encore plus avancé. Il commence à s'ouvrir à sa partie inférieure et à montrer la couleur jaune qu'aura la face inférieure du *Cantharellus*.

FIG. 9. — *Cantharellus* plus développé et vu par sa face supérieure.

FIG. 10. — Le même vu par sa face inférieure.

FIG. 11. — Développement complet du *Cantharellus*. Ce champignon possède quelquefois un pédicule *b*, comme on le voit ici. Ce pédicule implanté sur la partie latérale de la face supérieure du champignon, est suspendu aux nombreux filamens de *byssus a* qui lui ont donné naissance. On aperçoit une petite portion *c* de la face inférieure, qui est lamelleuse et de couleur jaune.

FIG. 12 et 13—Autres formes du même champignon vu par ses deux faces.

FIG. 14. — Coupe du *Cantharellus* selon la direction de ses lames.

FIG. 15.—La même coupe très amplifiée. *a*, voile du champignon ; *b*, séminules innombrables situées sur les filamens extrêmement déliés dont se composent les lames. Ces séminules ou sporules sont de grosseurs diverses et sont représentées séparément en *c*.

Fɪɢ. 16.—Représentation de la manière dont les sporules doivent être attachées aux filamens qui existent dans le tissu des lames.

Fɪɢ. 17.—Filamens byssoïdes qui composent le tissu du voile (*a*, fig. 15) ; ces filamens sont mêlés de sporules. Ils sont amplifiés.

Fɪɢ. 18.—Filamens du *byssus* générateur du *Cantharellus*. Ils portent latéralement beaucoup de sporules.

PLANCHE 23.

Fɪɢ. 1.—OEuf de poule au quatrième jour de l'incubation et vu par sa partie supérieure. *a*, poulet que revêt immédiatement l'amnios ; *b*, vessie ovo-urinaire ; *c c*, les vaisseaux du vitellus ; *f*, cavité formée par la séparation des deux feuillets de la membrane de la coque et remplie d'air.

Fɪɢ. 2.—Coupe verticale du même œuf, et à la même époque. *a*, emplacement occupé par le poulet vu du côté de la queue ; *b*, vessie ovo-urinaire ; *c*, vitellus ; *d d*, membrane chalazifère recouvrant la membrane propre du vitellus ; *f*, cavité remplie d'air.

Fɪɢ. 3.—Coupe verticale de l'œuf au sixième jour de l'incubation. *a*, cavité de l'amnios dans laquelle est le poulet non représenté ici ; *b*, vessie ovo-urinaire ; *c*, vitellus ; *d d*, membrane propre du vitellus.

Fɪɢ. 4.—Coupe verticale de l'œuf au huitième jour de l'incubation. *a*, poulet renfermé dans l'amnios ; *b b*, vessie ovo-urinaire ; *o*, ouverture de l'ouraque ; *c*, vitellus.

Fɪɢ. 5.—Coupe verticale de l'œuf au dixième jour de l'incubation. *a*, poulet renfermé dans l'amnios ; *bb*, vessie ovo-urinaire qui, par son développement, est venue joindre ses extrémités opposées au point *g* ; *o*, ouverture de l'ouraque ; *c*, vitellus ; *h*, ce qui reste de l'albumen. *f*, cavité remplie d'air.

Fig. 6. — Coupe verticale de l'œuf au quinzième jour de l'incubation. *a*, poulet contenu dans l'amnios ; *bb*, cavité de la vessie ovo-urinaire ; *o*, ouverture de l'ouraque ; *c*, le vitellus ; *d*, débris chiffonnés de la membrane chalazifère dont le vitellus s'est dépouillé antérieurement ; *f*, cavité remplie d'air.

Fig. 7, 8 et 9. — Ces figures sont établies pour démontrer la manière dont les parois de la vessie ovo-urinaire se ploient sur les troncs des vaisseaux de cette vessie.

PLANCHE 24.

Fig. 1. — OEuf de la couleuvre à collier observé le 15 juillet, époque à laquelle les œufs sont encore dans les oviductes. C'est la coupe verticale de cet œuf qui est représentée ici. *a*, fœtus contourné en spirale et contenu dans l'amnios ; *c*, vitellus ; *o*, cavité de la vessie ovo-urinaire ; *d*, vaisseaux du vitellus. Il n'y a point d'albumen.

Fig. 2. — Coupe verticale de l'œuf de la couleuvre à collier observée le 30 juillet, après la ponte. *a*, fœtus entouré de l'amnios ; *bb*, cavité de la vessie ovo-urinaire ; *c*, vitellus ; *d*, vaisseaux du vitellus ; *g*, le point de conjonction des bords opposés de la vessie ovo-urinaire qui a envahi toute la surface interne de la membrane de la coque ; *o*, ouverture de l'ouraque.

Fig. 3. — Coupe verticale de l'œuf du lézard vert observé le 18 septembre. *a a*, cavité de l'amnios contenant le fœtus ; *b b*, cavité de la vessie ovo-urinaire ; *g*, le point de conjonction des bords opposés de cette vessie ; *c*, vitellus ; *d*, les vaisseaux du vitellus ; *o*, ouverture de l'ouraque.

Fig. 4. — Forme du têtard du crapaud de Roésel dans les premiers temps de son développement dans l'œuf, et vu par sa partie antérieure. L'organe semi-circulaire que l'on voit est le premier organe respiratoire du fœtus.

Fig. 5. — Même têtard encore dans l'œuf et un peu plus âgé. L'organe semi-circulaire est plus développé, c'est dans la gouttière *a* qui sépare ses deux branches, que s'ouvrira la bouche. Les deux points noirs que l'on voit au sommet de la tête sont les narines.

Fig. 6. — Même têtard prêt à sortir de l'œuf. *a a*, les narines; *b*, la bouche dont l'ouverture s'est faite par une scissure de la peau; *c*, organe respiratoire du fœtus; *d d*, branchies qui ont déchiré la peau pour se produire au dehors.

Fig. 7. — Œuf du crapaud accoucheur observé deux jours après la ponte. *a*, corps fort petit du têtard; *b*, son ventre contenant la matière du vitellus; *c*, espace rempli d'eau; *d*, coque de l'œuf.

Fig. 8. — Têtard du crapaud accoucheur encore contenu dans l'œuf, lequel n'est pas représenté ici. Le vitellus contenu dans son ventre est encore sphérique.

Fig. 9. — Même têtard plus âgé et encore dans l'œuf. Son vitellus contenu dans son ventre commence à prendre la forme ellipsoïde, son prolongement postérieur aboutit à l'anus.

Fig. 10. — Même têtard plus âgé et encore dans l'œuf; son vitellus représente une poche recourbée sur elle-même.

PLANCHE 25.

Fig. 1. — Têtard du crapaud accoucheur plus âgé que celui qui est représenté par la figure 10 (pl. 24) et encore contenu dans l'œuf. Son vitellus allongé en boyau commence à se contourner en spirale.

Fig. 2. — Même têtard encore dans l'œuf : son vitellus de plus en plus allongé en boyau, forme plusieurs tours de spirale, c'est l'intestin grêle du têtard; l'intestin plus petit qui le suit aboutit à l'anus.

Fig. 3.—OEuf de la salamandre aquatique commençant à se développer; *b,* corps proprement dit et encore informe de l'embryon; *a,* son ventre contenant le vitellus; *c,* cavité remplie d'eau; *d,* glaire extérieure.

Fig. 4.—Même œuf un peu plus développé; le corps proprement dit de l'embryon s'est développé en se ployant circulairement autour de son ventre vitelliforme *a,* en sorte que sa tête et sa queue sont venues se joindre au point *b; c,* cavité remplie d'eau; *d,* glaire extérieure.

Fig. 5.—Même œuf plus développé. Le corps proprement dit *b* du fœtus commence à cesser d'être ployé autour de son ventre vitelliforme *a; c,* cavité remplie d'eau; *d,* glaire extérieure.

Fig. 6. — Fœtus de salamandre plus âgé et encore dans l'œuf qui n'est pas représenté ici; *b,* corps proprement dit; *a,* ventre vitelliforme.

Fig. 7. — Même fœtus plus âgé; *b,* corps proprement dit; *a,* ventre vitelliforme; *c,* branchies faciales naissantes.

Fig. 8. — Même fœtus toujours dans l'œuf; *aa,* branchies faciales; *bb,* branchies cervicales naissantes.

Fig. 9. — Salamandre qui vient de sortir de l'œuf; *a,* branchies faciales; *b,* branchies cervicales; *c,* membres antérieurs naissans.

Fig. 10. — Canal alimentaire de la salamandre qui vient de sortir de l'œuf; *a,* œsophage; *b,* estomac; *c,* intestin ellipsoïde et contenant la matière jaune du vitellus; *o,* anus; *d,* le foie; *e,* la rate qui est ici l'analogue symétrique du foie,

PLANCHE 26.

Fig. 1. — Coupe idéale de l'œuf de la brebis à une époque voisine du commencement de la gestation. *a*, fœtus ; *b*, son foie ; *c*, cavité de l'amnios ; *d*, vaisseaux ombilicaux ; *ee*, cavité de l'allantoïde ; *gg*, épiône ayant l'exochorion au-dessous d'elle ; *mm*, endochorion se joignant à l'exochorion au point de conjonction *o* ; *i*, vésicule ombilicale.

Fig. 2. — Vésicule ombilicale du fœtus de la brebis représentée à part et très grossie. *a*, corps de la vésicule ; *bb*, ses deux longues cornes ; *c*, l'endroit par lequel elle tient à l'intestin.

Fig. 3. — Coupe idéale de l'œuf du chat, dans le sens du grand diamètre de cet œuf ; *bb*, coupe transversale du placenta circulaire ; *dd*, exochorion ; *ii*, endochorion ; *gg*, amnios ; *o*, vésicule ombilicale ; *aa*, épiône.

Fig. 4. — Coupe idéale de l'œuf du chat dans le sens de son petit diamètre ; *bbb*, coupe du placenta circulaire formé par un développement en épaisseur de l'exochorion ; *iii*, endochorion se réfléchissant au point *m*, sur l'exochorion ou sur le placenta et renfermant dans un repli la vésicule ombilicale *o* ; *ggg*, amnios.

Fig. 5. — Coupe idéale de l'œuf de lapin ; *mmm*, épiône ; *bb*, lame externe de la vésicule ombilicale reployée ainsi que sa lame interne *cc* autour de l'amnios *aa* ; *o*, placenta composé de deux couches et formé par un développement particulier de la vessie ovo-urinaire dont une portion *i* subsiste encore.

PLANCHE 27.

Fig. 1. — Corps de vertèbre d'une très jeune salamandre ; elle est composée de deux cônes tronqués opposés à leur sommet *bb* ; il forme ainsi un os *dicône*.

Fig. 2. — Le même présentant dans son milieu deux petites productions *ii*.

Fig. 3. — Coupe transversale de ce même os *dicône* vertébral faisant voir l'accroissement végétatif des deux productions *bb* qui étaient naissantes en *ii* dans la fig. 2.

Fig. 4. — Coupe transversale d'une vertèbre caudale d'une jeune salamandre faisant voir le développement à sa face inférieure de deux productions qui comprennent l'aorte entre elles.

Fig. 5. — La même vertèbre, vue de côté.

Fig. 6. — La même vertèbre d'une salamandre un peu plus âgée et faisant voir le développement des deux apophyses transverses *ii*.

Fig. 7. — Vertèbre dorsale d'une très jeune salamandre ; *bb*, lames de la vertèbre ; *ii*, ses deux apophyses transverses.

Fig. 8. — Vertèbre dorsale de salamandre adulte, vue par sa partie antérieure ; *a*, corps de la vertèbre ; *b*, sa tête articulaire ; *c*, sa cavité articulaire.

Fig. 9. — Coupe transversale de la colonne vertébrale encore gélatineuse du têtard âgé d'un mois ; *a*, coupe transversale de la colonne gélatineuse ; *bb*, tiges gélatineuses comprenant dans leur intervalle *c* la moelle épinière.

Fig. 10. — Degré plus avancé de développement des deux tiges gélatineuses *b b*, représentées dans la figure 9. Ici ces deux tiges commencent à se bifurquer.

Fig. 11. — Degré encore plus avancé de développement des deux tiges gélatineuses *bb*. Leurs branches internes se réunissent par leurs sommets en *c*, et renferment ainsi la moelle épinière; les deux branches externes *dd*, forment ce que l'on nomme mal-à-propos les apophyses transverses. Ce sont véritablement des côtes.

Fig. 12. — Commencement de l'ossification des vertèbres gélatineuses du têtard. Les deux côtes *d d*, deviennent deux os dicônes munis d'une épiphyse à chaque extrémité. Le même mode d'ossification se manifeste dans les deux tiges *b b* et dans les deux branches *g g*. L'enveloppe du cordon gélatineux *a* offre deux arcs osseux *ii*, séparés l'un de l'autre sur la ligne médiane *o*.

Fig. 13. — Progrès ultérieur de l'ossification de la vertèbre du têtard. Deux nouveaux arcs osseux *mm*, séparés l'un de l'autre sur la ligne médiane *s*, apparaissent dans l'enveloppe du cordon gélatineux *a*, ils complètent le corps de la vertèbre. On voit naître sur chacune des branches internes *gg*, les deux apophyses transverses antérieures *oo*, et les deux apophyses transverses postérieures *c c*.

Fig. 14. — Vertèbre de grenouille adulte. *i*, corps de la vertèbre; *a*, apophyse épineuse; *b*, canal vertébral; *d d*, côtes; *oo*, apophyses transverses antérieures; *cc*, apophyses transverses postérieures.

Fig. 15. — *a*, fémur de la grenouille voisine de sa métamorphose; il forme un os dicône très allongé; ses deux épiphyses gélatineuses *b*, *c*, émergent de sa cavité. *d*, les deux os de la jambe dont on ne voit point encore sortir les épiphyses.

Fig. 16. — *a*, fémur de la grenouille encore plus voisine de sa métamorphose. Son épiphyse gélatineuse *b* s'est développée en forme de tête arrondie, son épiphyse inférieure *c* s'articule avec les deux épiphyses *i* du tibia *d* et du péroné *f*, dont on voit les deux épiphyses inférieures *h*.

Fig. 17. — Iléon de la grenouille voisine de sa métamorphose; *g*, iléon tubuleux muni à son extrémité vertébrale d'une

petite épiphyse *g*, et à son extrémité fémorale d'une grosse épiphyse *d*. Cette dernière commence à s'ossifier à sa circonférence *a* : c'est cette épiphyse qui devient concave pour former
la cavité cotyloïde conjointement avec l'extrémitéde l'iléon ,
lequel s'aplatit dans la suite.

Fig. 18. — Omoplate de la jeune grenouille. Cet os est composé d'un os dicône *a* et d'une épiphyse très développée et
aplatie *b*. On voit en *c* la cavité glénoïde.

Fig. 19. — Patte postérieure de la salamandre aquatique.

Fig. 20. — Patte antérieure de la même salamandre.

Les numéros placés sur les doigts indiquent l'ordre de
leur apparition , lorsque la patte se reproduit après avoir été
amputée.

Fig. 21. — Tête de très jeune salamandre avec ses branchies
faciales *a, a,* qui commencent à se flétrir, et avec ses branchies
cervicales *bb,* qui commencent à se ramifier.

Fig. 22. — Patte du fœtus de lézard vert observé dans l'œuf
le 1ᵉʳ août. Cette patte dont toutes les parties existent, est
renfermée dans une enveloppe transparente. Un vaisseau san-
guin *aaa,* suit tout le contour de cette enveloppe.

PLANCHE 28.

Fig. 1. — Canal alimentaire du ver à soie; *a,* œsophage; *b,*
estomac; *d,* intestin; *c,* vaisseaux biliaires.

Fig. 2, 3 et 4. — Changemens successifs de forme de ce
même canal alimentaire chez la nymphe du ver à soie.

Fig. 5. — Canal alimentaire du papillon du ver à soie. *a,*
œsophage; *b,* estomac; *c,* vaisseaux biliaires; *d,* intestin; *t,*
cœcum ; *o,* terminaison de l'intestin.

Fig. 6. — Canal alimentaire du fourmi-lion. *d,* œsophage;
a, premier estomac; *b,* second estomac.

Fig. 7. — Canal alimentaire de la nymphe du fourmi-lion.

d, œsophage ; *a* , premier estomac pourvu d'un appendice aveugle *c*, qui est un organe biliaire supérieur ; *b*, second estomac ; *i*, intestin à l'origine duquel sont les vaisseaux biliaires inférieurs.

Fig. 8. — Canal alimentaire de la libellule du fourmi-lion. *o*, œsophage ; *a*, premier estomac, dans lequel s'ouvre l'organe biliaire *c ; b*, second estomac ; *i*, intestin, à l'origine duquel sont les vaisseaux biliaires inférieurs ; *d*, cœcum.

Fig. 9. — Canal alimentaire de la larve d'abeille. *b*, œsophage ; *a*, estomac ; *d*, intestin.

Fig. 10. — Canal alimentaire de l'abeille. *b*, œsophage ; *c*, premier estomac ; *d*, second estomac ; *i*, intestin, à l'origine duquel sont les vaisseaux biliaires *a; o*, cœcum.

Fig. 11. — Canal alimentaire de la larve de la guêpe des arbustes. *a*, œsophage ; *b*, estomac ; *c*, petit cœcum terminant un intestin très court.

Fig. 12. — Canal alimentaire de la guêpe des arbustes. *a*, œsophage ; *b*, premier estomac ; *c*, second estomac ; *d*, intestin, à l'origine duquel sont les vaisseaux biliaires ; *o*, cœcum.

Fig. 13. — Canal alimentaire d'une larve de mouche à scie. *a*, œsophage ; *b*, estomac ; *dd*, vaisseaux biliaires situés à l'origine de l'intestin ; *c*, cœcum.

Fig. 14. — Coupe transversale de l'estomac de cette même larve.

Fig. 15. — Canal alimentaire de la nymphe de la même mouche à scie. *a*, œsophage ; *b*, estomac ; *d*, intestin ; *c*, cœcum.

Fig. 16. — Canal alimentaire de la même mouche à scie. *a*, œsophage ; *b*, premier estomac ; *c*, second estomac ; *d*, intestin ; *o*, cœcum.

Fig. 17. — Canal alimentaire de la larve de la mouche abeilliforme. *a*, œsophage ; *b*, premier estomac ; *dd*, vaisseaux biliaires supérieurs ; *c*, second estomac extrêmement allongé ;

o, intestin à l'origine duquel sont les vaisseaux biliaires infé-rieurs ; *h h*, cœcums qui terminent l'intestin.

FIG. 18.—Deux sacs renflés et recourbés à leur extrémité *b a*, qui se trouvent dans l'abdomen de la larve de mouche abeilliforme et qui sont remplis par un fluide laiteux.

FIG. 19.—Canal alimentaire de la mouche abeilliforme. *a*, œsophage ; *b*, panse ou sac bilobé communiquant par un long canal avec l'œsophage ; *d*, estomac; *i*, intestin, à l'origine du-quel sont les vaisseaux biliaires *g*.

FIG. 20.—Canal alimentaire de la larve du grand hydro-phille. *e*, œsophage ; *a*, premier estomac ; *o*, second estomac séparé du premier par un étranglement *i* ; *b*, intestin ; *c*, cœ-cum muni d'un appendice *n*. *r*, rectum; *d*, anus.

FIG. 21.—Canal alimentaire du grand hydrophille. *a*, œso-phage ; *b*, premier estomac; *c*, second estomac ou gésier muni de dix lames cornées ; *d*, troisième estomac, dont la surface extérieure est couverte d'appendices piliformes que je regarde comme des canaux sécréteurs; *f*, duodénum, à la terminaison duquel sont quatre vaisseaux biliaires *g g*; *h*, intestin; *i*, cœ-cum muni d'un appendice *n ; o*, rectum.

PLANCHE 29.

FIG. 1.—Tubicolaires quadrilobées dont les tubes, de gran-deur naturelle, sont fixés sur des fragmens de feuille laciniée de renoncule aquatique.

FIG. 2.—Tube de tubicolaire quadrilobée amplifié.

FIG. 3 et 4.—Tubicolaire ayant son organe rotatoire dé-ployé et tantôt bilobé, tantôt quadrilobé. *b b*, yeux pédiculés; *m*, organe de déglutition ; *d d*, corps ramifiés destinés à tendre le pavillon membraneux; *c*, sommet au bord supérieur du pa-villon supportant l'organe rotatoire.

FIG. 5 et 6.—Tubicolaire quadrilobée sortant de son tube

3

sans déployer son organe rotatoire, et faisant voir ses deux yeux pédiculés et ses deux tentacules.

Fig. 7.—Tubicolaire quadrilobée dépouillée de son tube. On voit par transparence son organisation intérieure. *a*, yeux pédiculés, dont les globes ne sont pas tout-à-fait sortis; *b*, tentacules; *c*, organe de déglutition; *d*, estomac; *i*, intestin; *g*, anus; *e*, ovaire; *f*, œuf engagé dans l'oviducte.

Fig. 8.—L'organe de déglutition très amplifié.

Fig. 9 et 10. — Tubicolaire blanche ayant son organe rotatoire *a* tantôt circulaire, tantôt imparfaitement bilobé; *b b*, ses yeux pédiculés; *c*, son organe de déglutition.

Fig. 11. — Tubicolaire confervicole. *a*, organe rotatoire circulaire; *b b*, yeux pédiculés; *c*, organe de déglutition.

Fig. 12.—Rotifère ressuscitant vu du côté du dos et lorsqu'il rampe. *a*, tête munie de deux yeux; *b*, corne dorsale; *e*, organe de déglutition; *f*, estomac; *g*, ovaire; *d*, queue composée de tubes qui rentrent les uns dans les autres, et qui se termine par une fourche *i i*, du milieu de laquelle sort un trident *o* qui sert au rotifère pour se fixer.

Fig. 13. — Le même rotifère ayant son organe rotatoire déployé.

Fig. 14. — Le même vu de côté et ayant sorti à-la-fois sa tête *a* et son organe rotatoire *c*; *b*, corne dorsale.

Fig. 15. — Le même, ayant rentré à-la-fois sa tête et son organe rotatoire.

Fig. 16.—Le même, ayant son organe rotatoire ployé en forme de bras qu'il agite pour nager.

Fig. 17. — Tardigrade qui n'est autre chose qu'une larve d'acarus.

Fig. 18, 19 et 20. — Tubicolaire crucigère, vue sous trois aspects différens; *a*, yeux globuleux situés sur un long tentacule.

Fig. 21. — Cordon ployé de manière à former des bou-

cles alternatives. Cette figure et les deux suivantes sont des-
tinées à la démonstration du mécanisme de la rotation chez les
rotifères.

Fig. 22. — Petite portion de l'organe rotatoire de la tubicolaire quadrilobée très grossie. C'est, comme on le voit, une
lame membraneuse ployée en plis arrondis et alternatifs ; elle
est fixée sur le bord supérieur du pavillon *p*.

Fig. 23. — Petite portion du même organe ployé en plis
aplatis et simulant ainsi des bras ou des cils.

PLANCHE 30.

Fig. 1. — Organe de la génération du puceron femelle ;
c, branches de l'ovaire dans lesquelles on voit par transparence
les fœtus déjà formés. On n'a représenté ici que quatre branches, mais il y en a dix, elles aboutissent à l'oviducte *a* ; *b*,
poche vésiculaire aboutissant par un canal à l'oviducte et
qui paraît être un organe sécréteur de la liqueur visqueuse
propre à coller les œufs sur les corps où l'insecte les dépose.

Fig. 2. — Organes de la génération du puceron mâle ; *b b*,
poches vésiculaires au nombre de quatre de chaque côté ; ce
sont les organes sécréteurs de la semence ; ils aboutissent aux
deux canaux déférens *a a*.

Fig. 3. — Petit fragment de cerveau de grenouille vu au
microscope. Les utricules qui composent ce tissu cérébral
sont couvertes de corpuscules opaques, semblables à des points;
un petit vaisseau dans lequel on voit les globules sanguins
traverse ce tissu.

Fig. 4. — Fibre nerveuse de grenouille, vue au microscope par transparence.

Fig. 5. — La même vue au moyen de la lumière réfléchie.

Fig. 6. — Fibre musculaire de grenouille couverte de plis
transversaux.

Fig. 7. — La même dont les plis transversaux ont disparu

après deux heures de séjour dans l'eau ; on voit par transparence qu'elle est composée intérieurement de fibrilles mêlées à d'innombrables corpuscules opaques semblables à des points.

Fig. 8. — Fibres musculaires de grenouille fléchies en zigzag sous l'influence de l'électricité galvanique. Un tronc nerveux *a a* envoie à ces fibres et dans une direction qui leur est perpendiculaire des filets nerveux qui aboutissent aux sommets des angles de flexion des fibres.

Fig. 9. — L'un des tubes spermatiques qui abondent dans la laite du calmar, et qui sont connus sous le nom de *tubes à ressort* ; *t e,* tube contenant dans son intérieur : 1° un fil contourné en spirale *r* et qui est contenu lui-même dans un petit tube particulier ; 2° un renflement *p* désigné sous le nom de *piston* et faisant suite au fil en spirale ; 3° un autre renflement *b* désigné sous le nom de *barillet* faisant suite au *piston* ; 4° un corps opaque *a c* uni au barillet *b* par un canal étroit *l*.

Fig. 10. — Même tube spermatique qui plongé dans l'eau a chassé au dehors les parties qu'il contenait par une ouverture qui s'est faite à son sommet *t ; r,* fil en spirale ; *p, piston* qui par rupture s'est séparé du *barillet b* ; *a c,* corps opaque qui s'est augmenté en grosseur et en longueur et qui, par l'ouverture du barillet *b* avec lequel il est continu, verse au-dehors le liquide granuleux *s* qu'il contient.

Avis. — La planche 5 a été indiquée par erreur comme planche 4 aux pages 219, 220, 221 et 224 du tome 1.

La planche 6 a été indiquée par erreur comme planche 5 aux pages 219, 221 et 223 du tome 1.

FIN DE L'EXPLICATION DES PLANCHES.

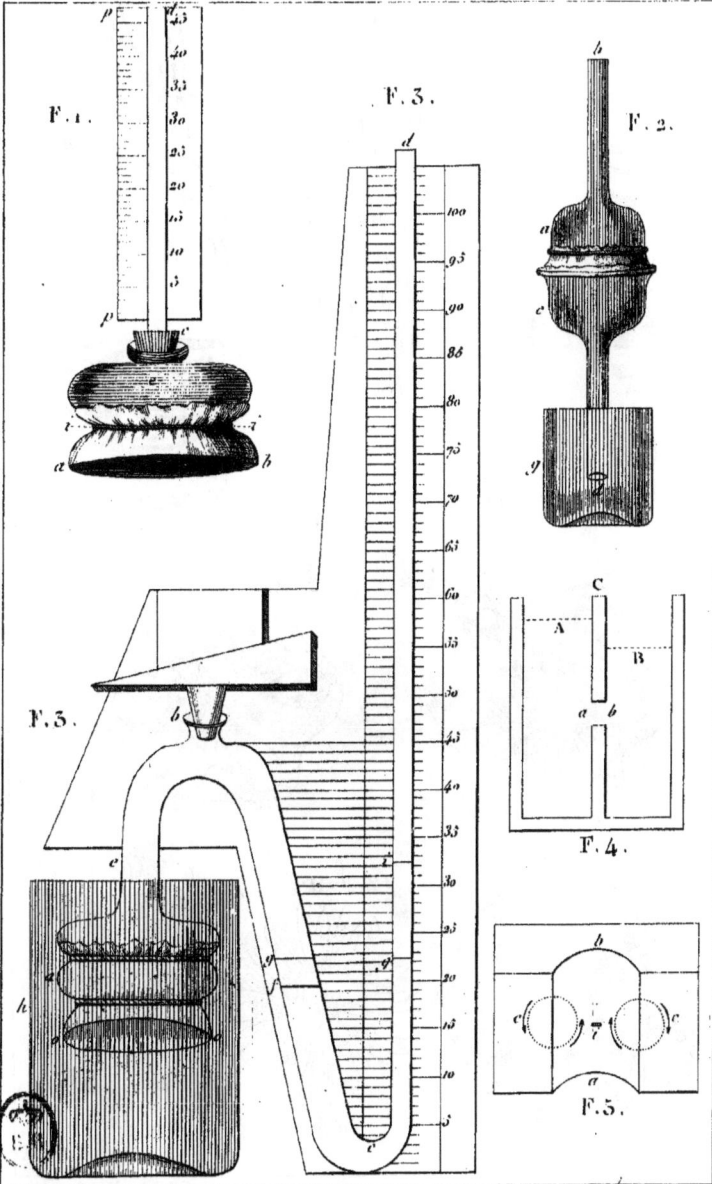

Pl. 1.

F. 1.

F. 3.

F. 2.

F. 3.

F. 4.

F. 5.

Dessiné par Leblanc.

Gravé par Ambroise Tardieu.

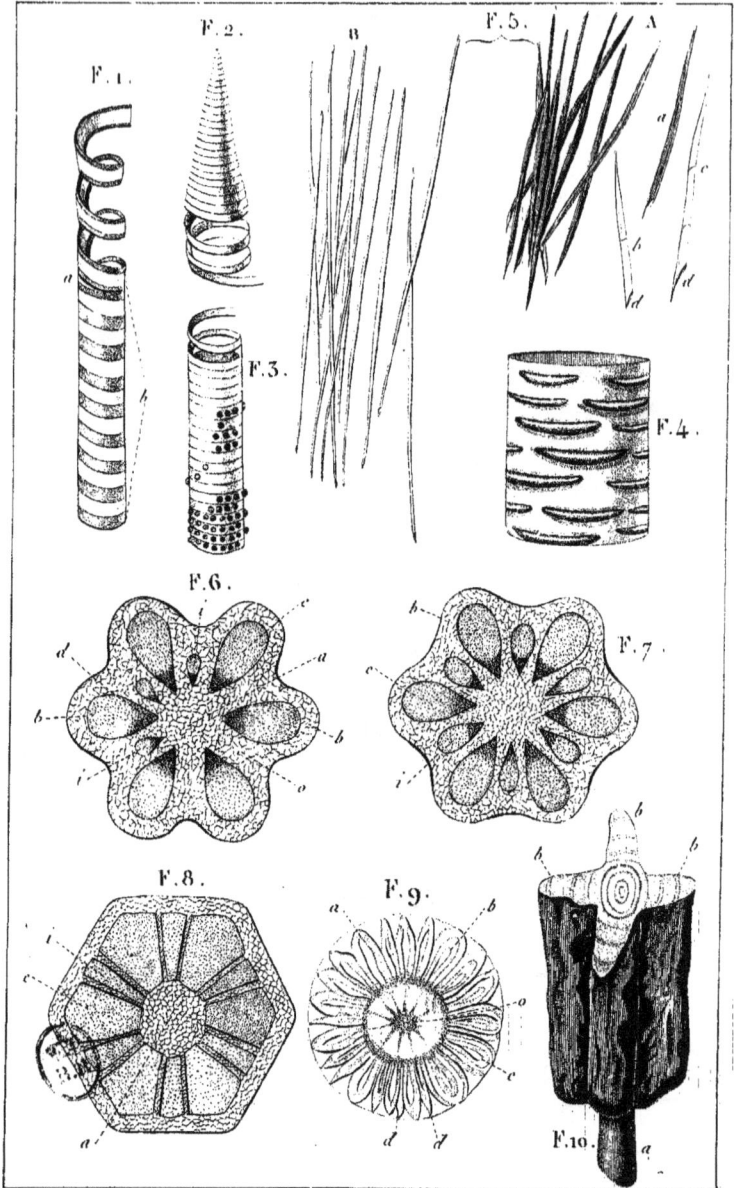

Pl. 2.

F. 1.

F. 2.

B

F. 5.

A

F. 3.

F. 4.

F. 6.

F. 7.

F. 8.

F. 9.

F. 10.

Dessiné par Leblanc.

Gravé par Ambroise Tardieu.

Pl. 3.

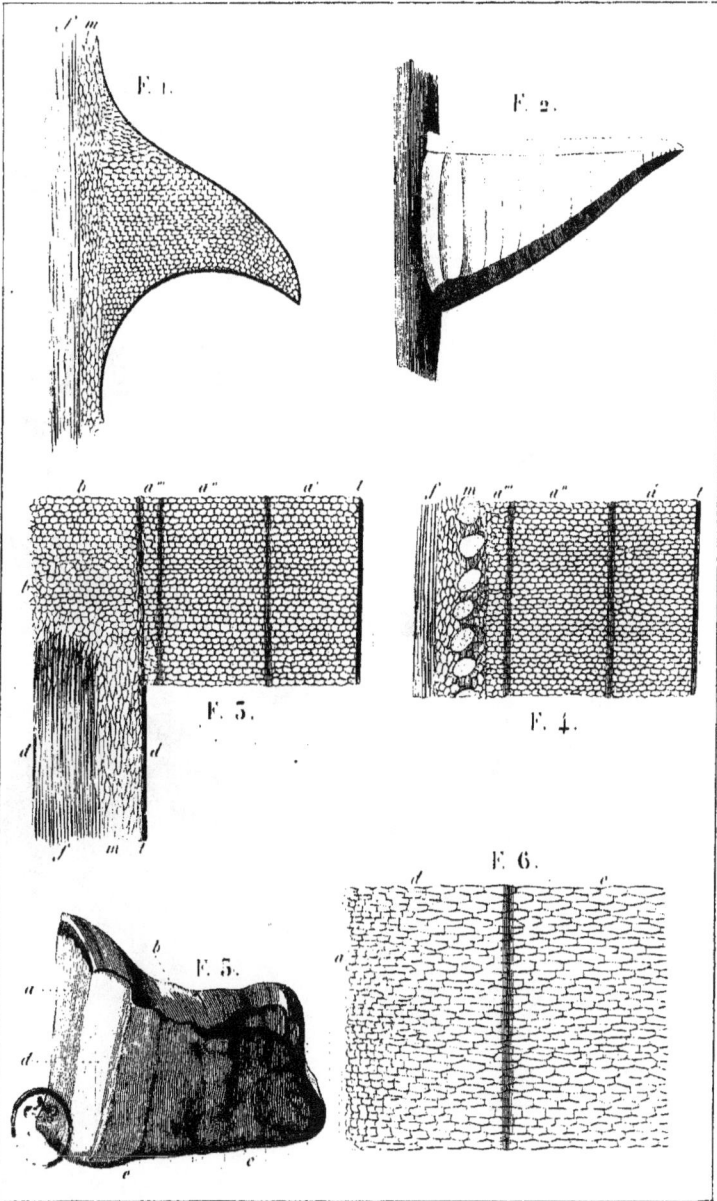

F. 1.

F. 2.

F. 3.

F. 4.

F. 5.

F. 5.

F. 6.

L. Leblanc, del.

Plée sc.

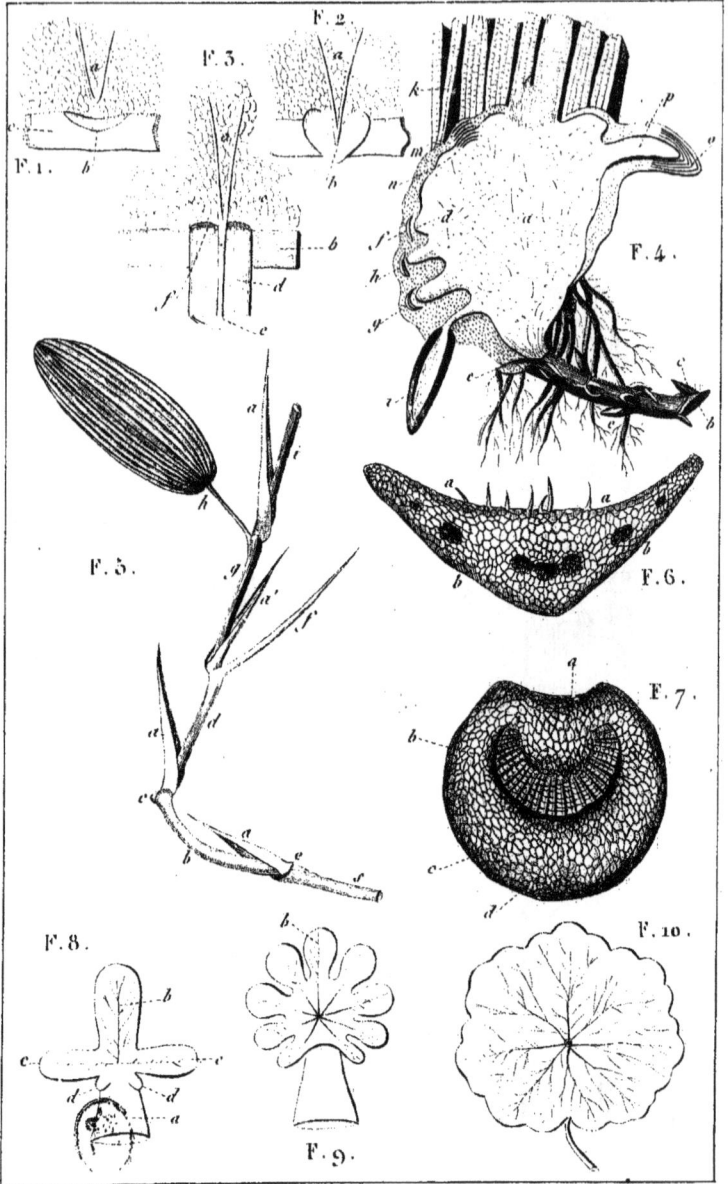

Pl. 4.

F. 2.

F. 3.

F. 1.

F. 4.

F. 5.

F. 6.

F. 7.

F. 8.

F. 9.

F. 10.

Dessiné par Leblanc.

Gravé par Ambroise Tardieu.

Pl. 5.

F. 5.

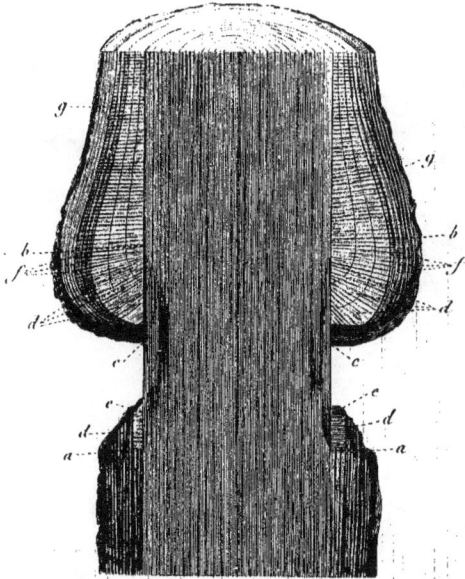

F. 1.

F. 2.

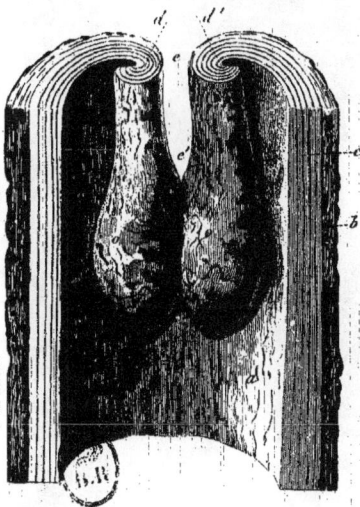

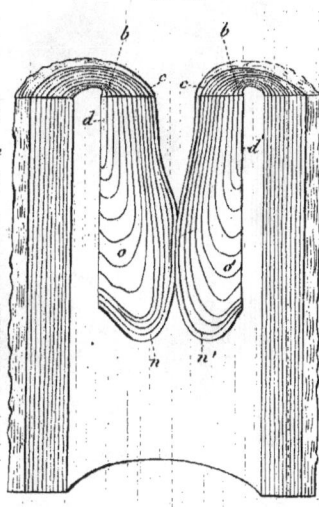

Dessiné par Leblanc.   Gravé par Plée.

Pl. 6.

Dessiné par Leblanc.   *Gravé par Plée.*

Pl. 7.

F. 1.

F. 2.

B.R.

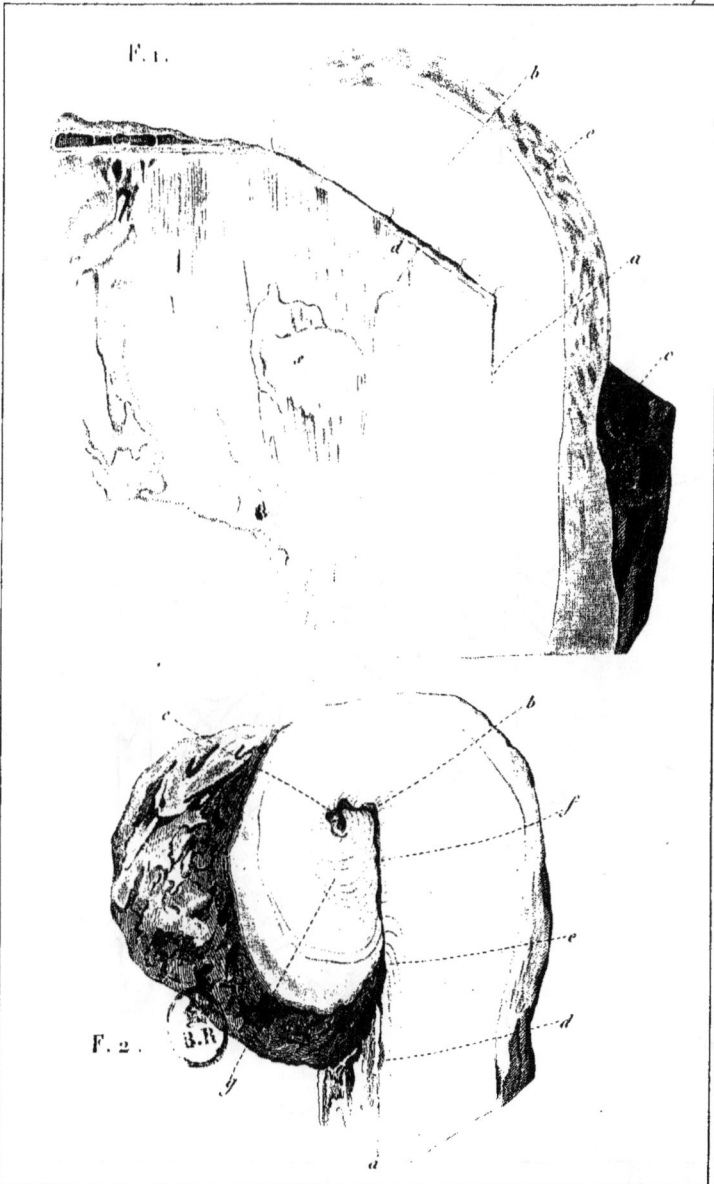

Dessiné par Leblanc .

Gravé par Ambroise Tardieu .

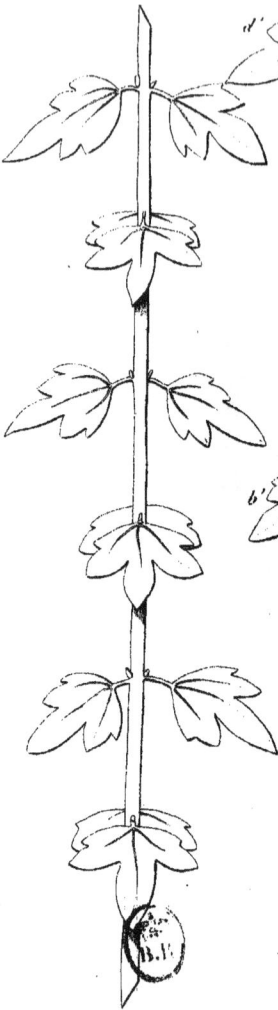

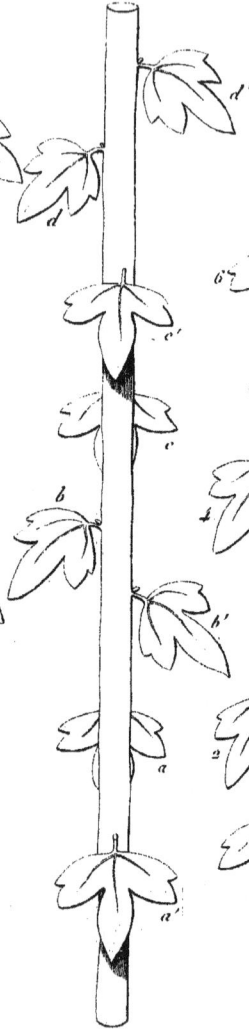

Fig. 1.   Fig. 2.   Fig. 3.   Fig. 4.

Fig. 3*

Gravé par Ambroise Tardieu.

Pl. 8.

Fig. 4.   Fig. 5.   Fig. 6.

Fig. 3.*   Fig. 4.*

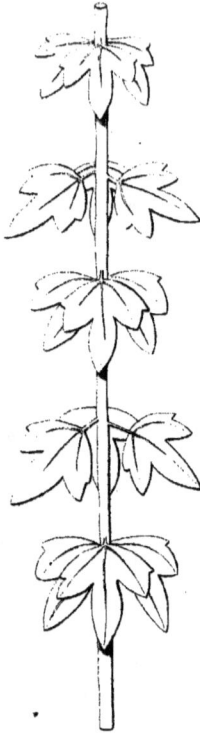

Fig. 1.

Fig. 2.

Fig. 2*.

Fig. 3.

Gravé par Ambroise Tardieu.

Pl. 9.

Fig. 3.

Fig. 4.

Fig. 5.

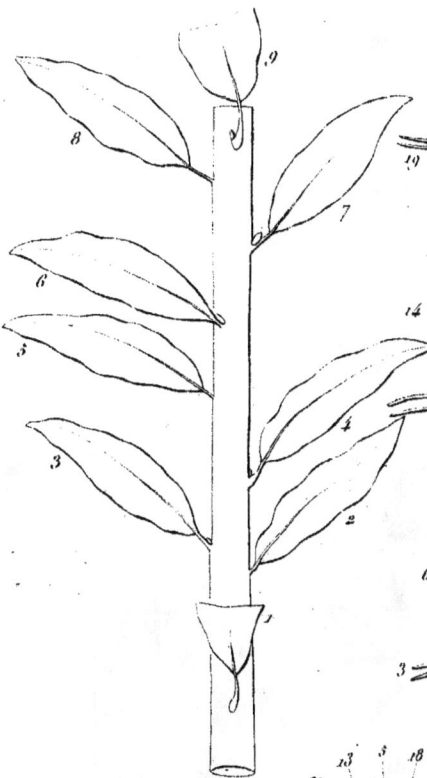

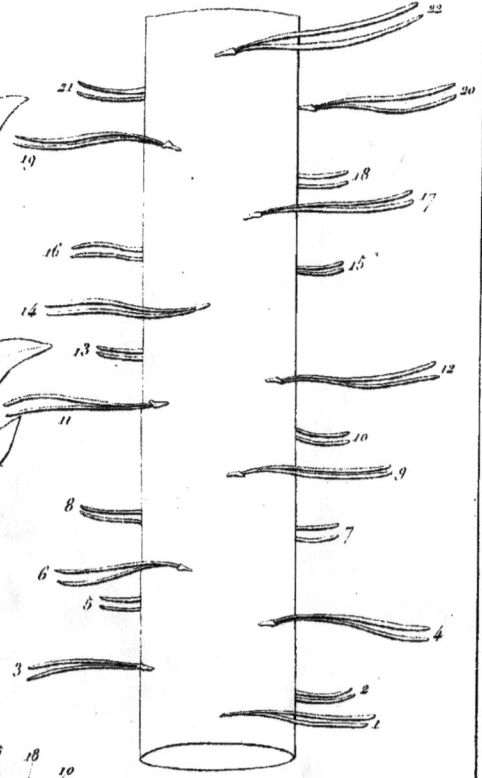

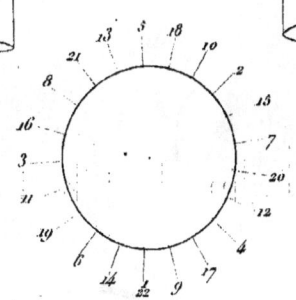

Fig. 6.

Gravé par Ambroise Tardieu.

Pl. 10.

F. 1.
a
b

F. 2.

F. 3.

F. 4.

F. 5.
b
a
a b

F. 6.
a
b
c
a
b
c

F. 7.
d a
b

F. 8.
a
i a
b c d

F. 9.
f

F. 10.
p

F. 11.
p

F. 12.
p'
p

F. 13.
P
p'

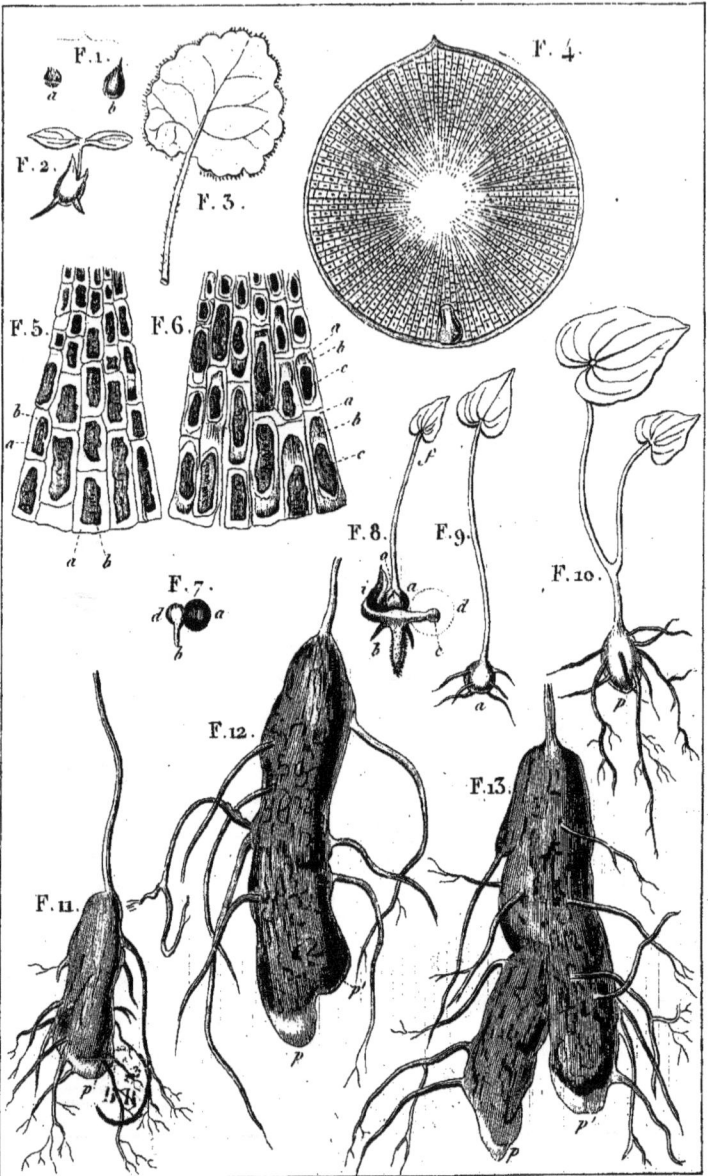

Dessiné par Leblanc.

Gravé par Ambroise Tardieu.

Pl. 11.

F. 1.

F. 2.

a

F. 3.

F. 4.

d
c
a
c
c

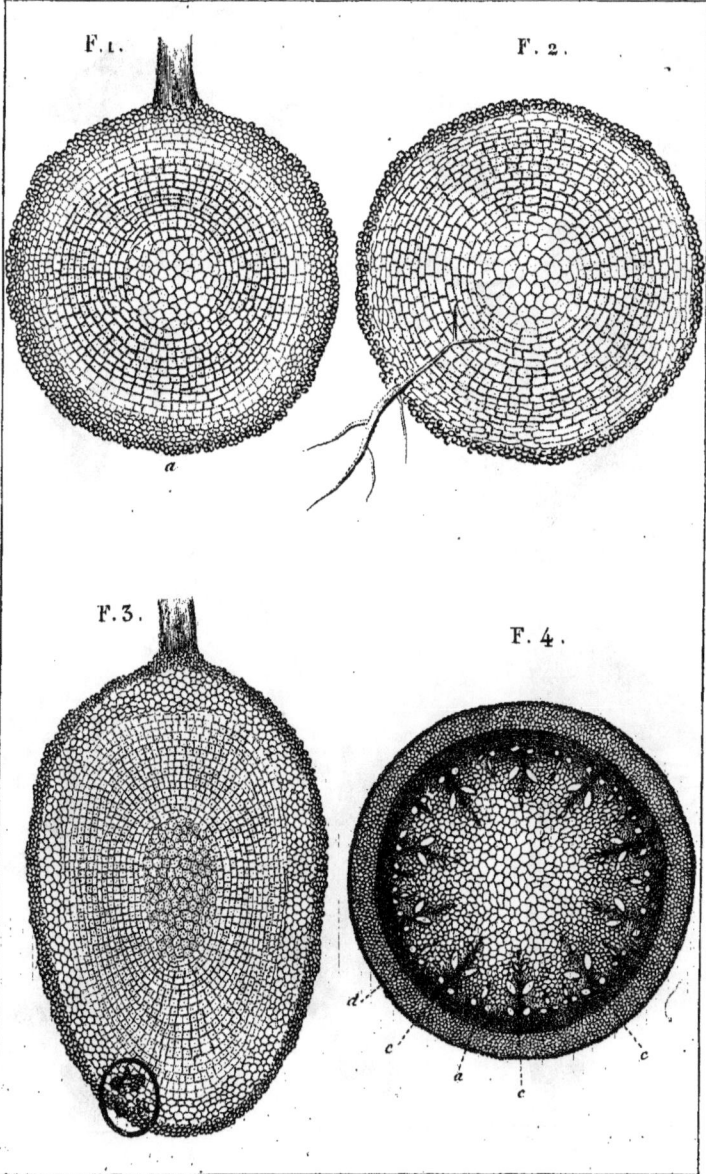

Dessiné par Leblanc.   Gravé par Ambroise Tardieu.

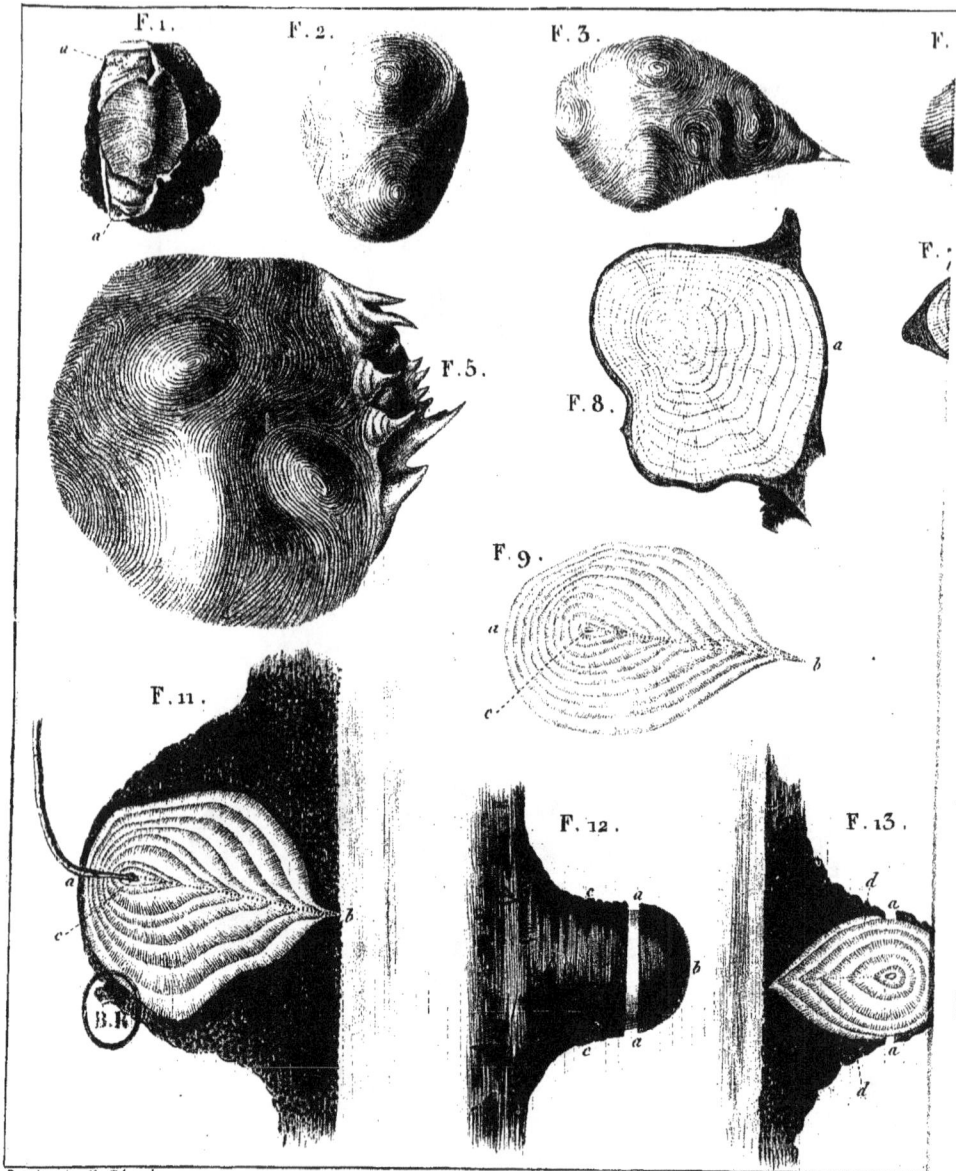

F.1.

F.2.

F.3.

F.

F.5.

F.8.

F.

F.9.

F.11.

F.12.

F.13.

B.R.

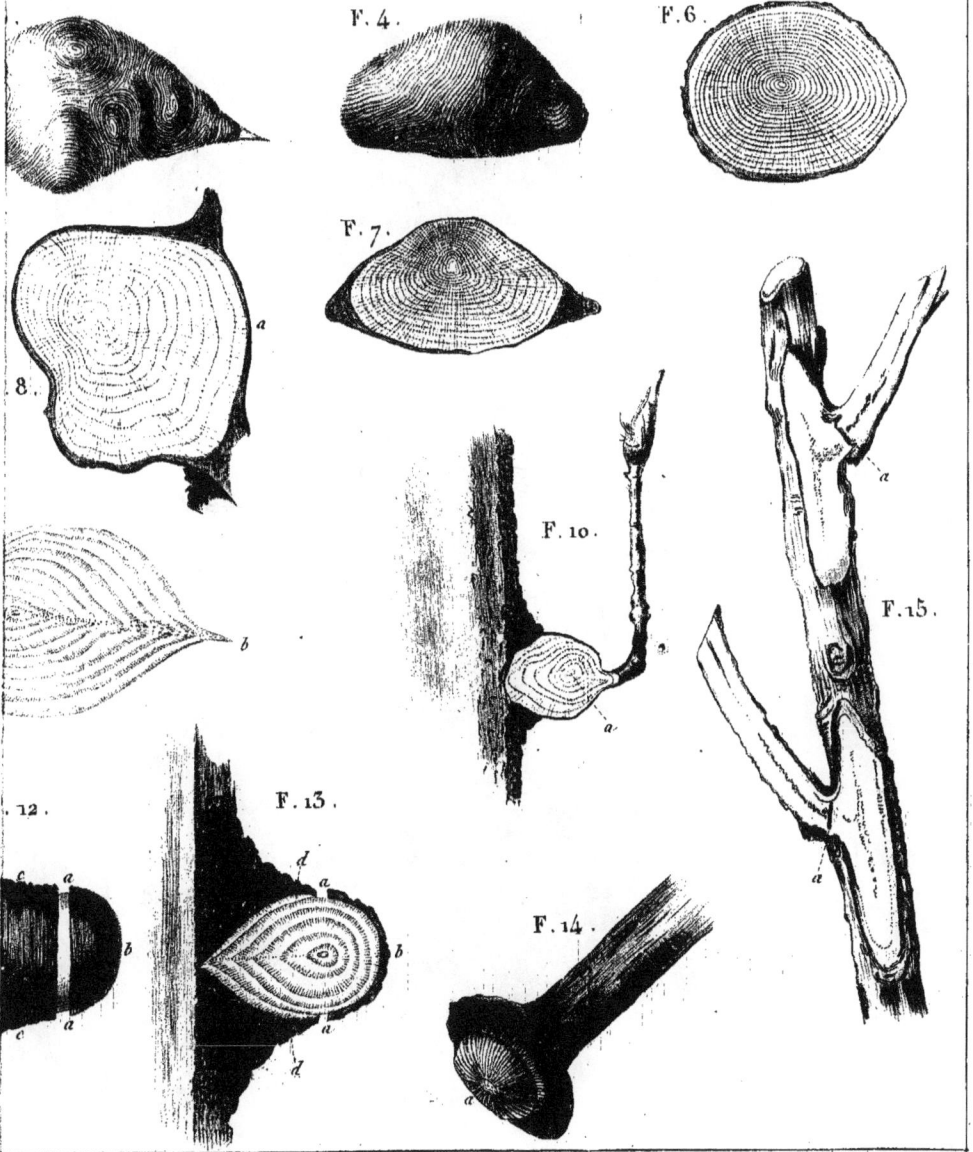

Pl. 12.

F. 4.

F. 6.

F. 7.

8.

a

b

F. 10.

F. 15.

a

a

12.

F. 13.

c *a*

b

a

c

d

a

b

a

d

F. 14.

a

a

Gravé par Ambroise Tardieu.

Pl. 13.

F. 1.

F. 2.

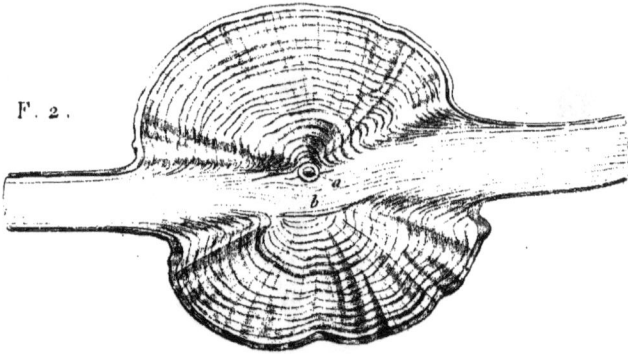

F. 3.

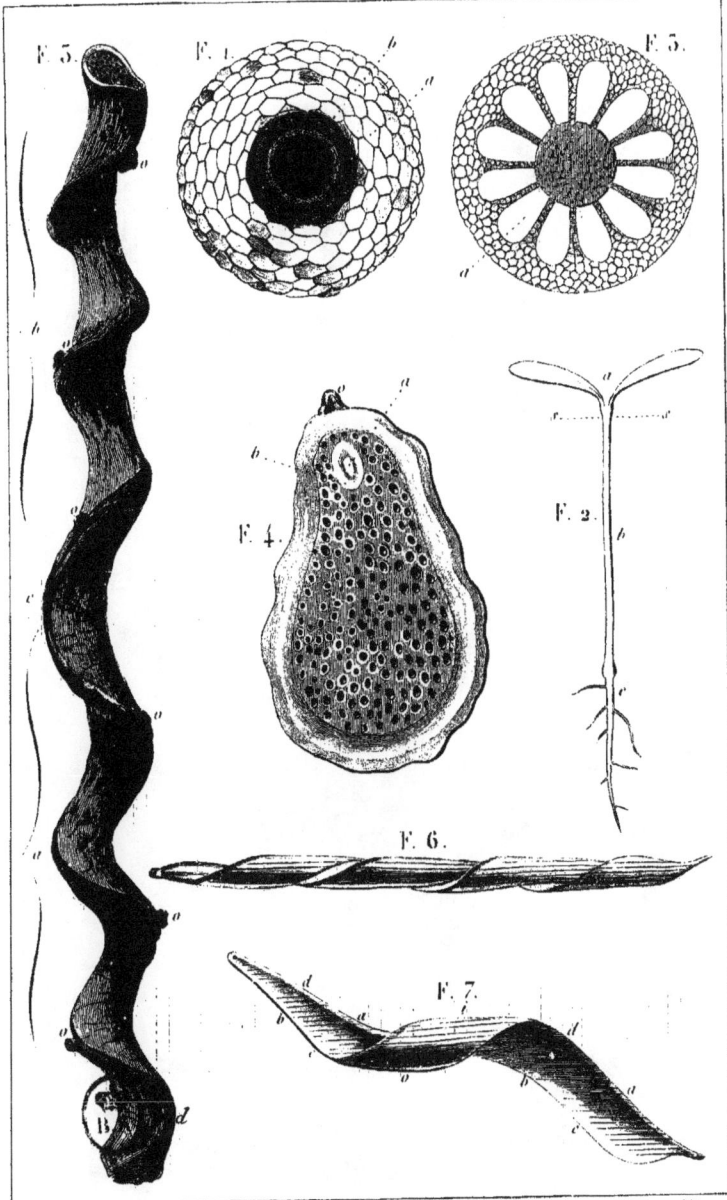

Pl. 14.

F. 3.

F. 1.

F. 5.

F. 4.

F. 2.

F. 6.

F. 7.

L. Leblanc. del.

Plée. sc.

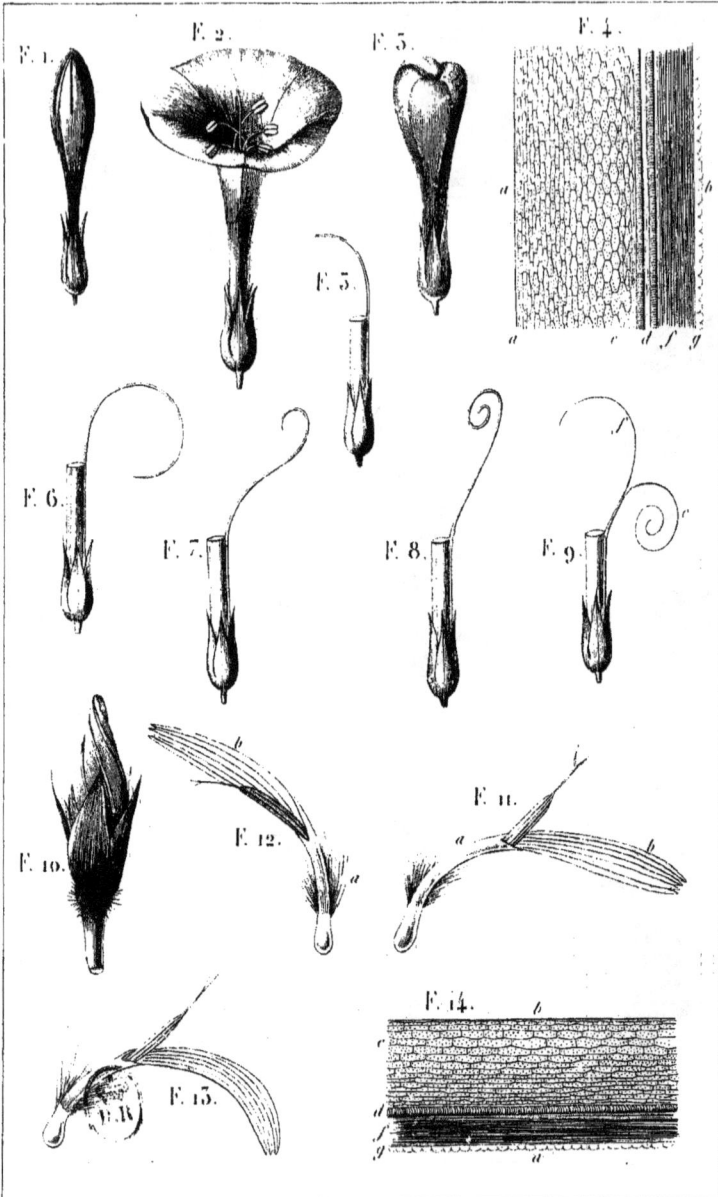

Pl. 15.

F. 1. F. 2. F. 3. F. 4.

F. 5.

F. 6. F. 7. F. 8. F. 9.

F. 10. F. 12. F. 11.

F. 13. F. 14.

L. Leblanc. del. Plée. sc.

Pl. 16.

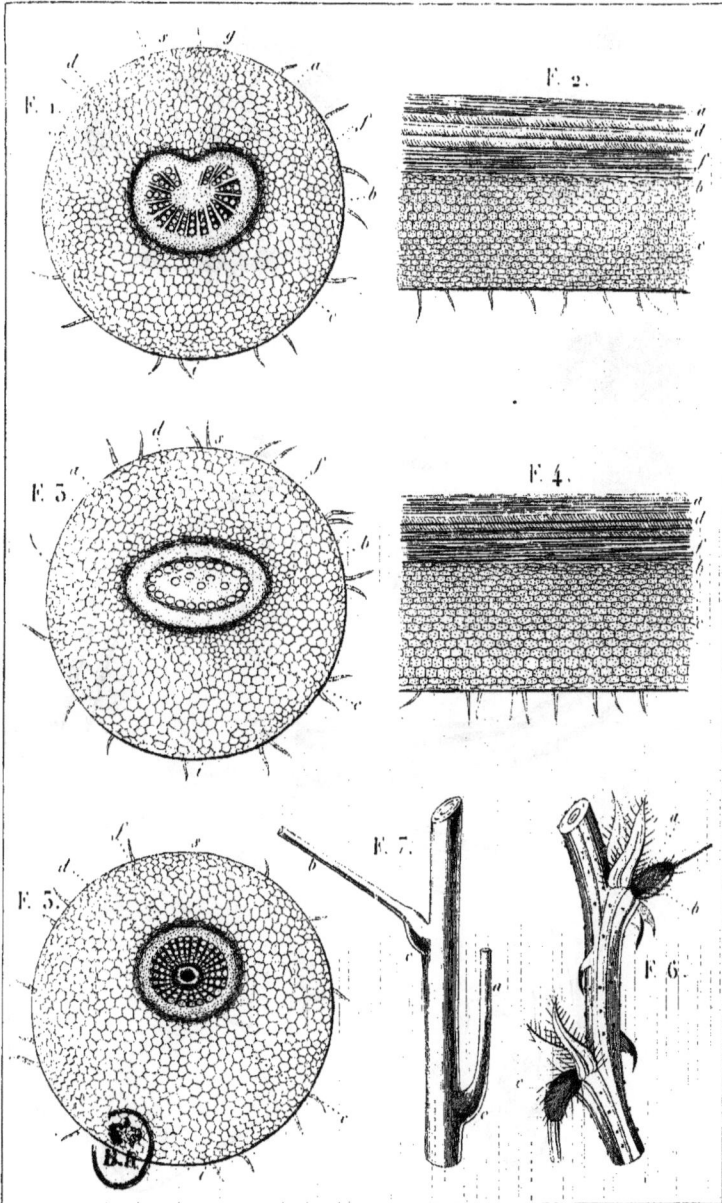

F. 1.

F. 2.

F. 3.

F. 4.

F. 5.

F. 7.

F. 6.

L. Leblanc, del.

Plée, sc.

Pl.17.

F.1.

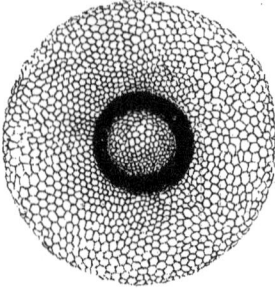

F.2.

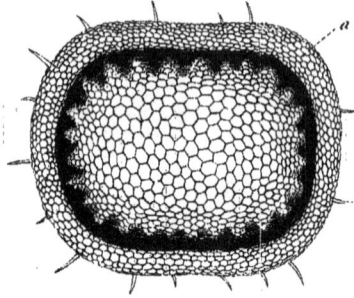

F.3.

F.4.

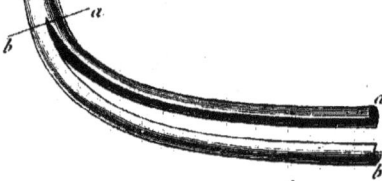

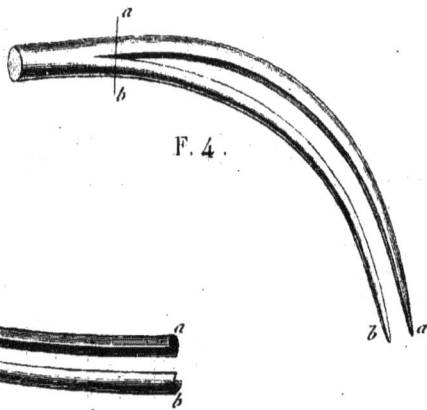

F.5.

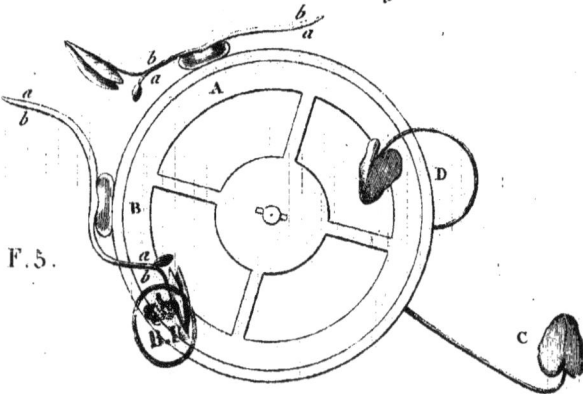

Dessiné par Leblanc.

Gravé par Plée.

Pl. 18.

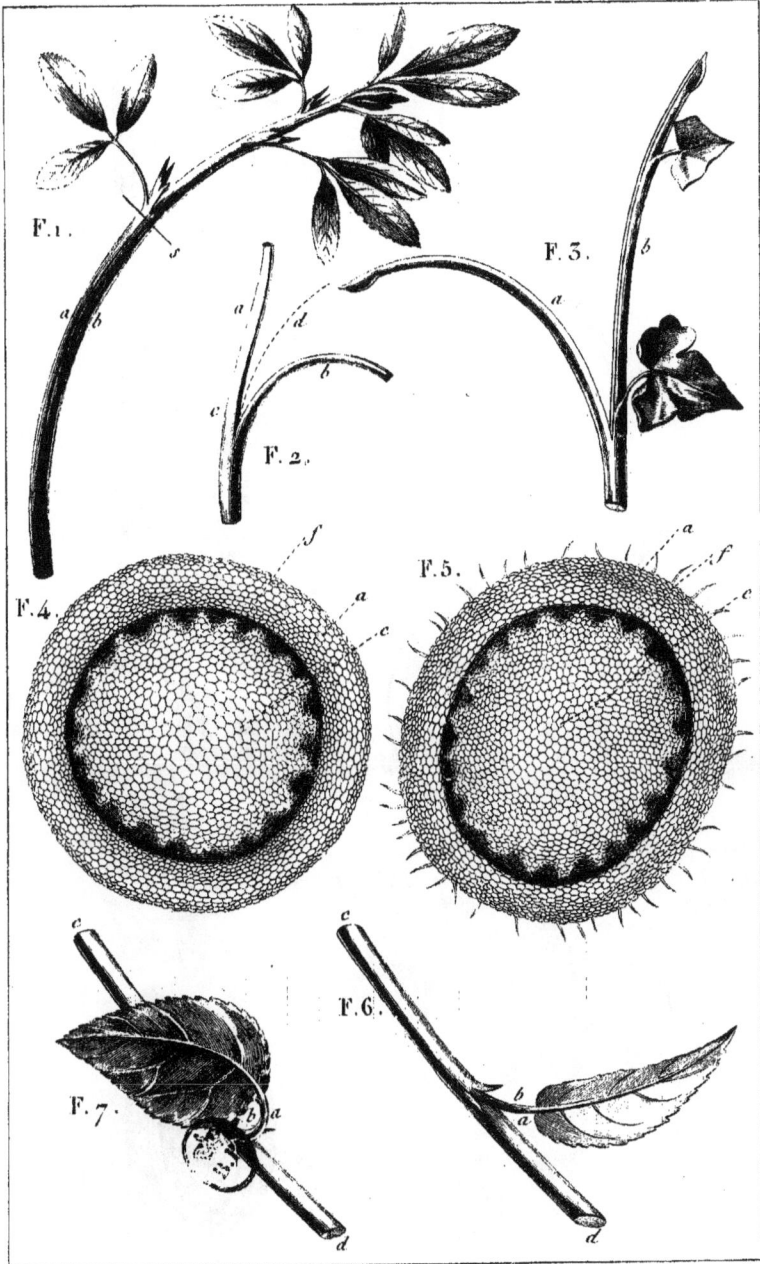

F.1.

F.2.

F.3.

F.4.

F.5.

F.6.

F.7.

Dessiné par Leblanc.

Gravé par Plée.

Pl. 19.

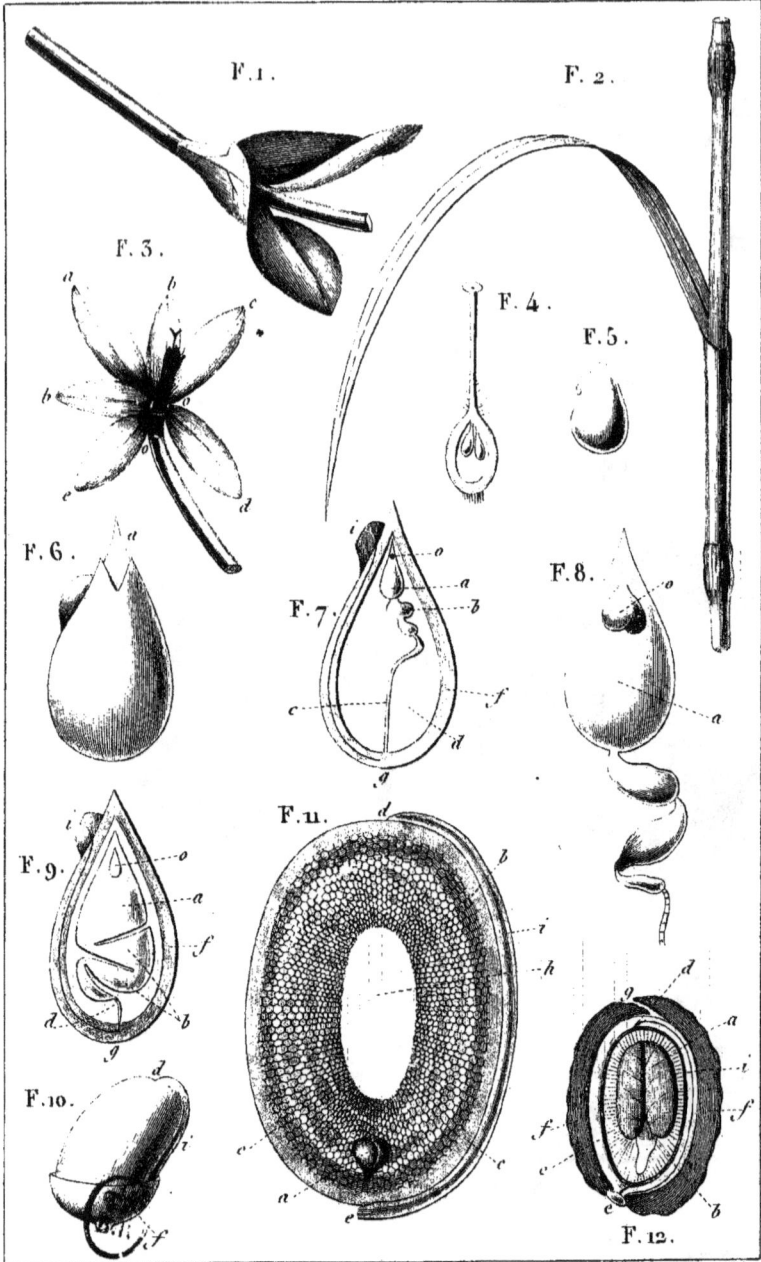

F.1.

F.2.

F.3.

F.4.

F.5.

F.6.

F.7.

F.8.

F.9.

F.11.

F.10.

F.12.

Dessiné par Leblanc.

Gravé par Plée.

Pl. 20.

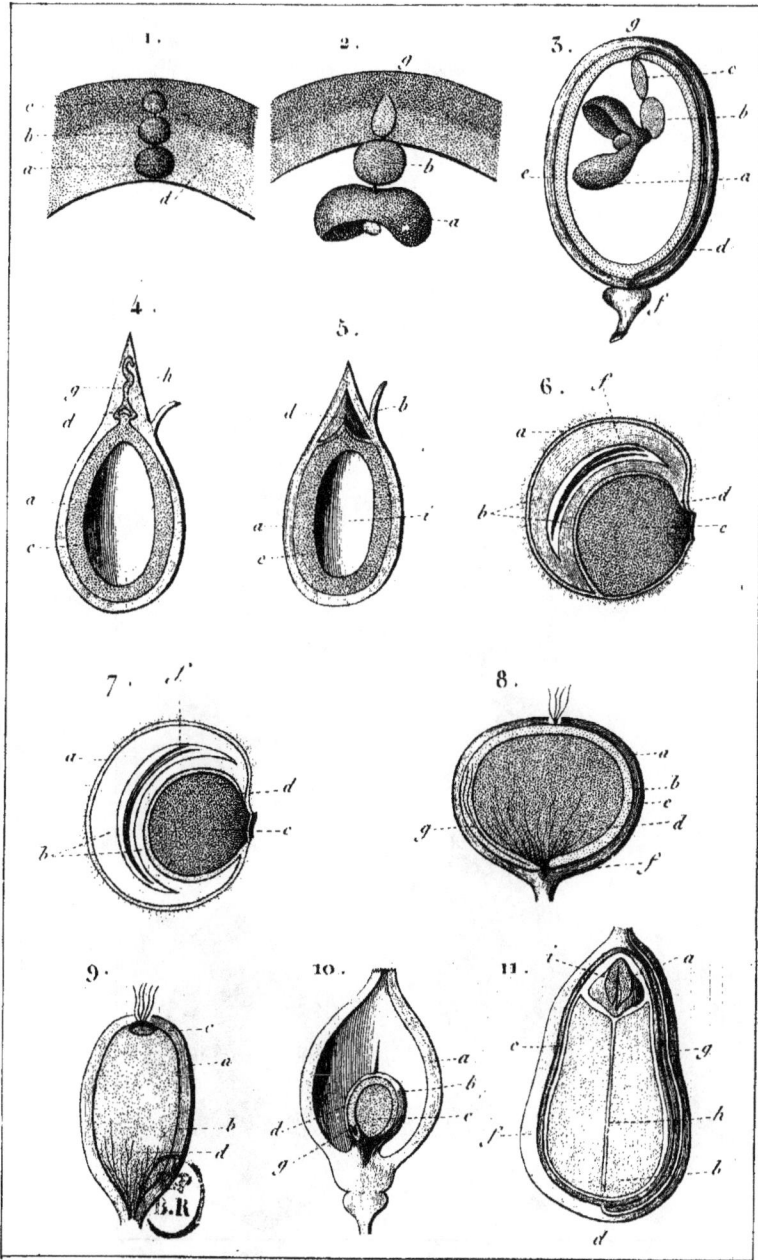

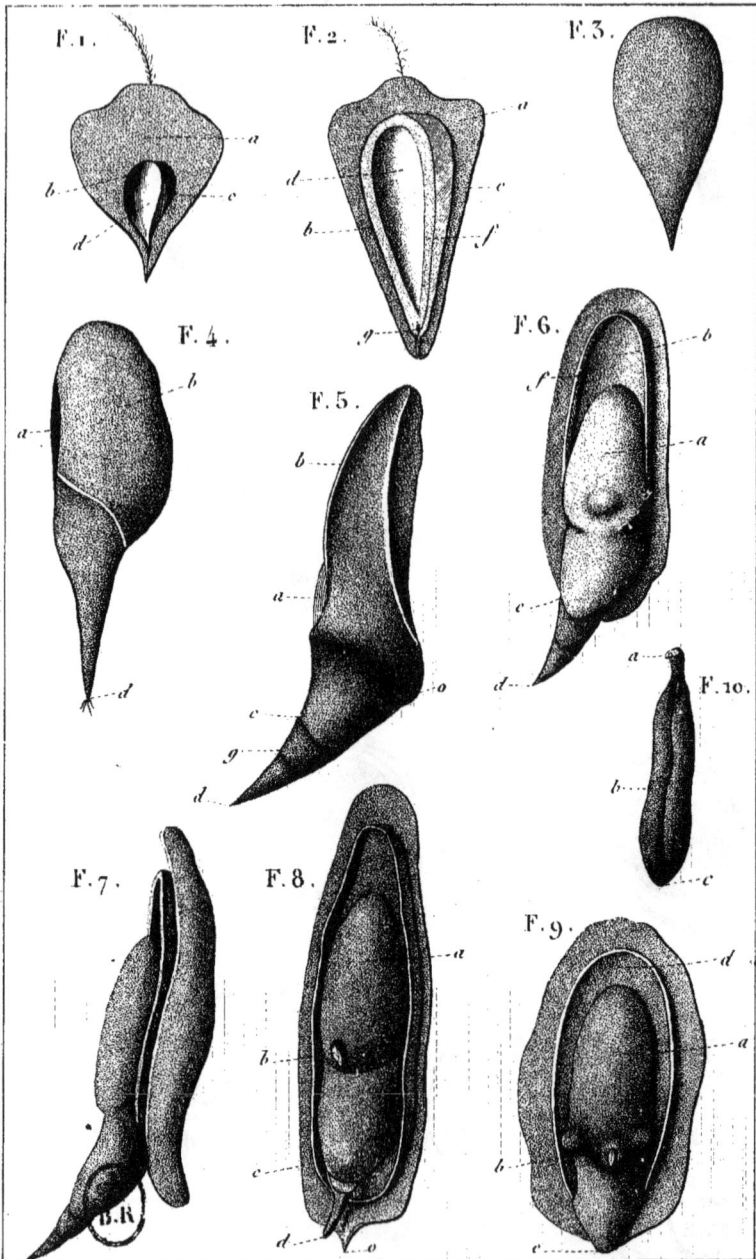

Pl. 21.

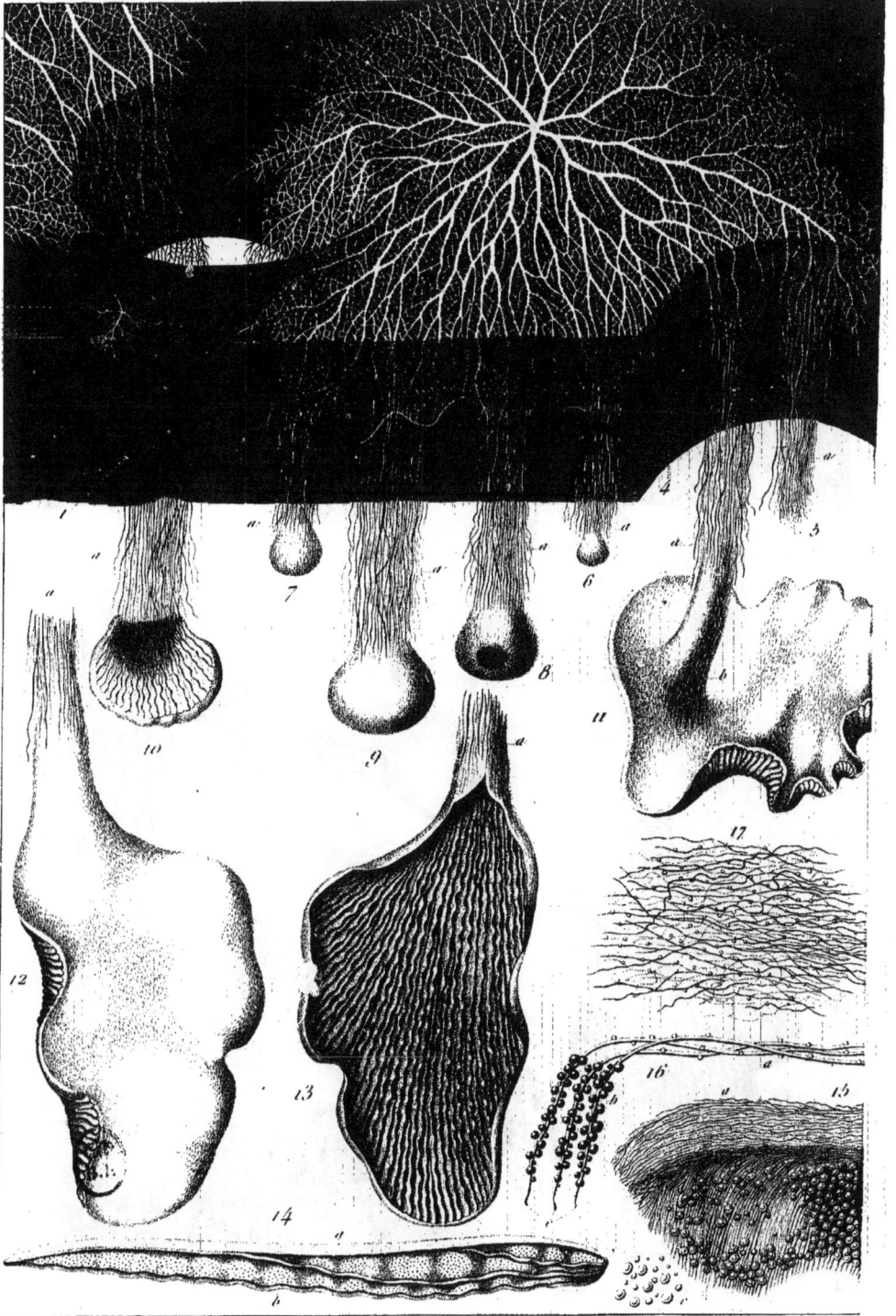

Turpin pinx   Berrast 1823.

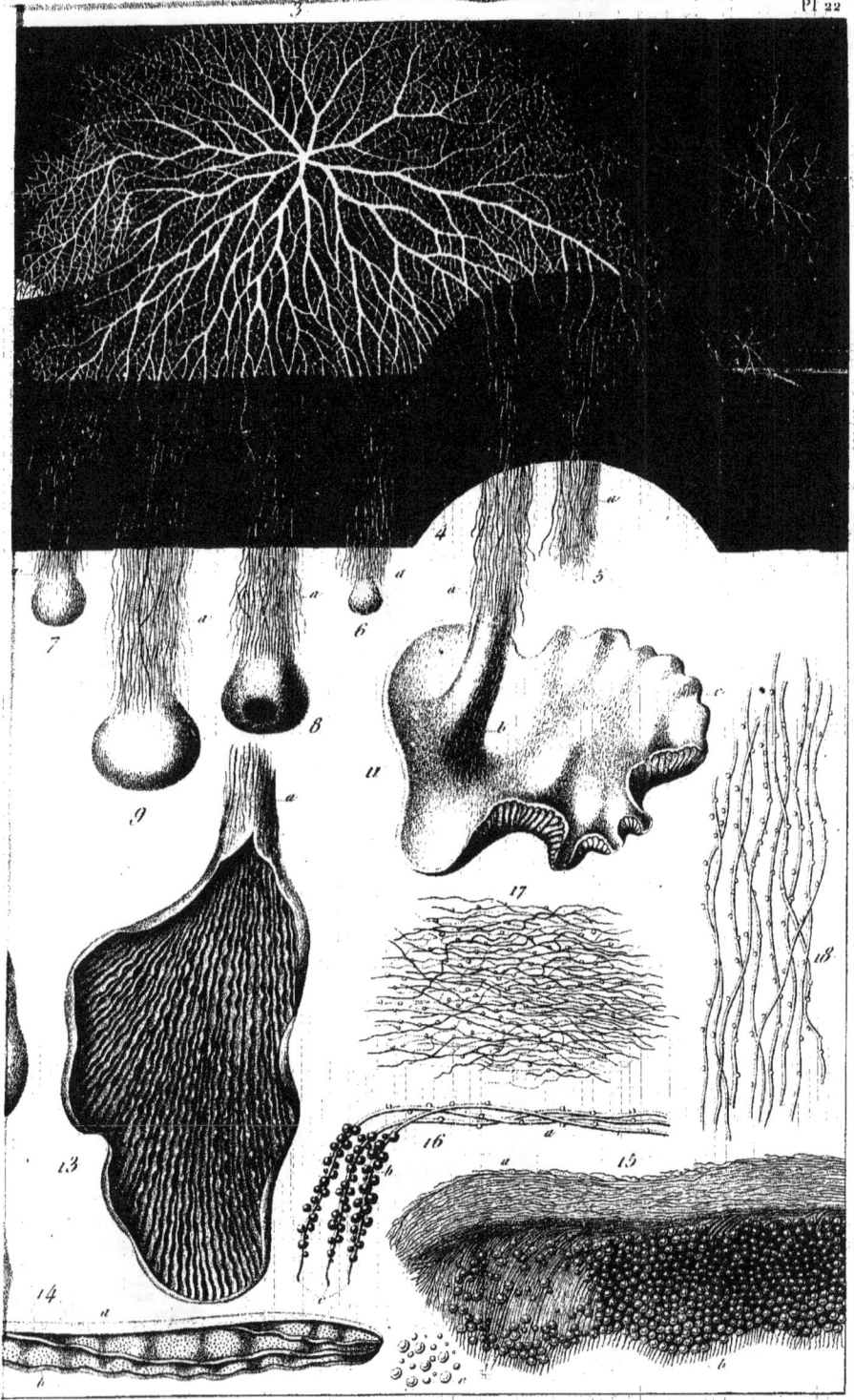

Pl 22

CANTHARELLUS Dutrochetii. Turp.

Pl. 23.

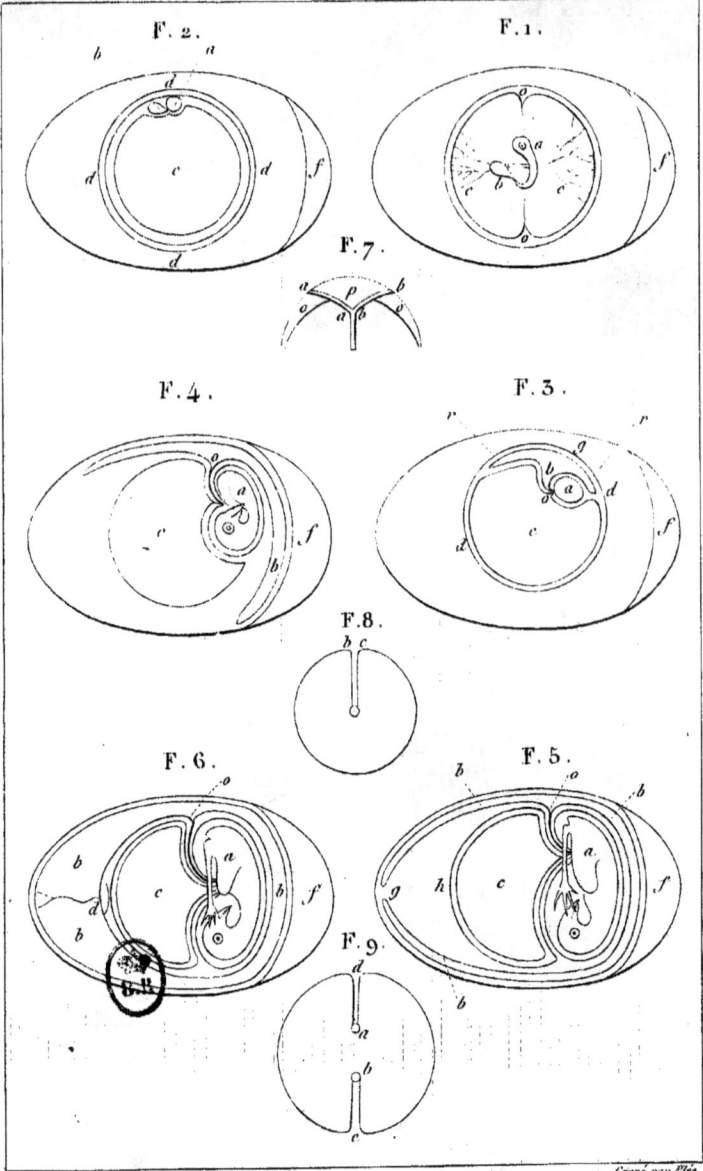

Pl. 24.

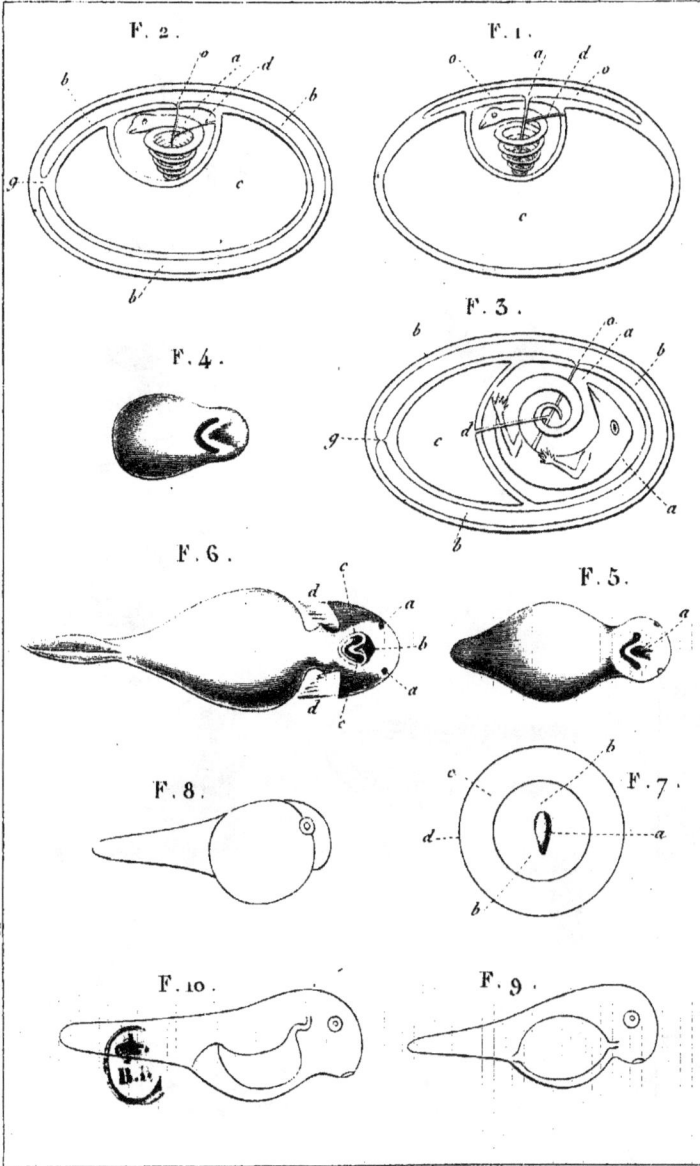

Pl. 25.

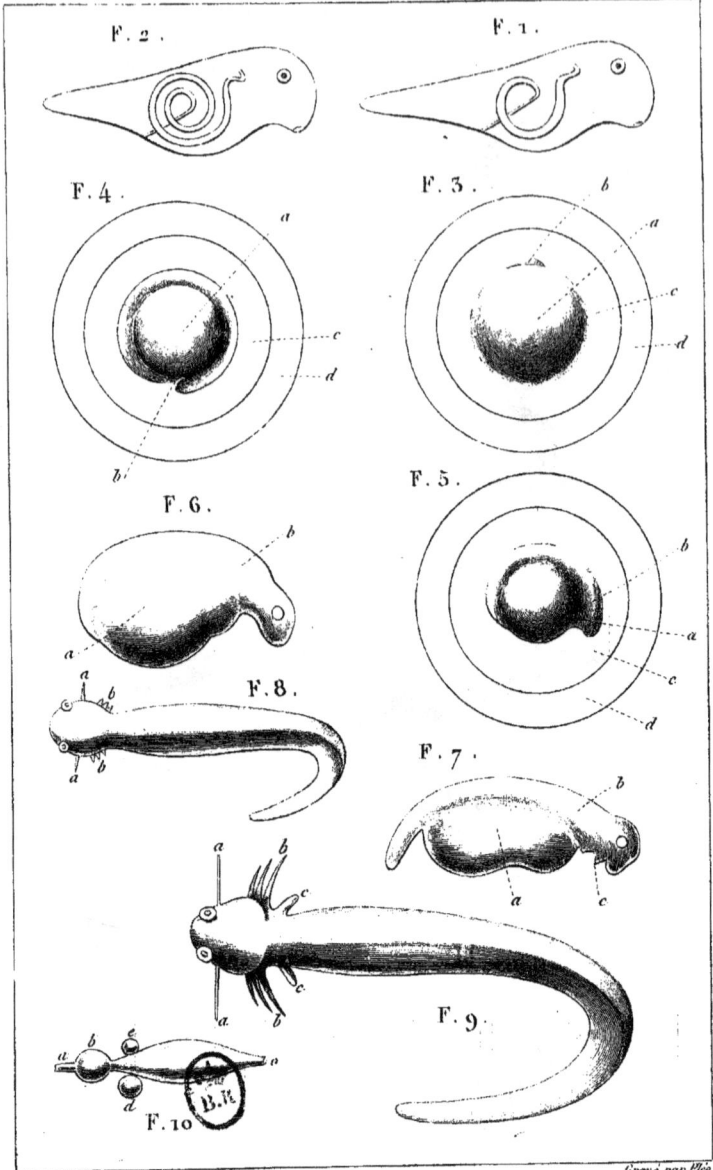

F. 2.   F. 1.

F. 4.   F. 3.

F. 6.   F. 5.

F. 8.   F. 7.

F. 9.

F. 10.   B.R.

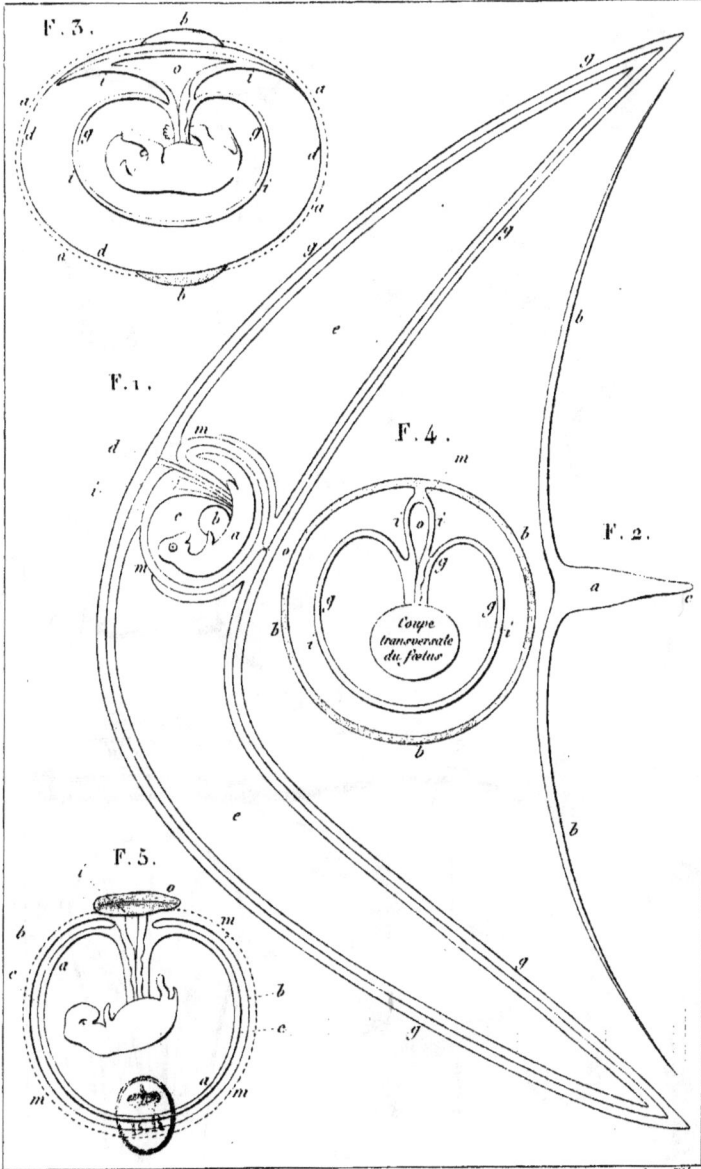

Pl. 26.

F. 3.

F. 1.

F. 4.

F. 2.

F. 5.

Coupe
transversale
du fœtus

Gravé par Plée.

Pl. 27.

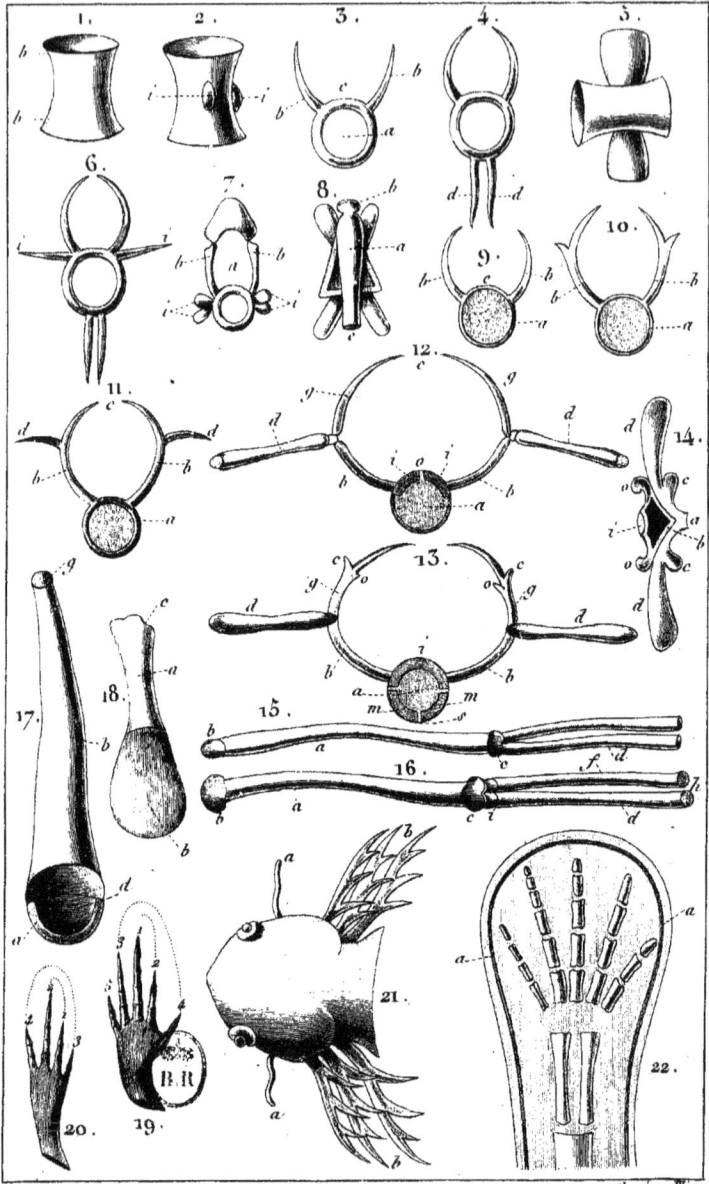

Pl. 28.

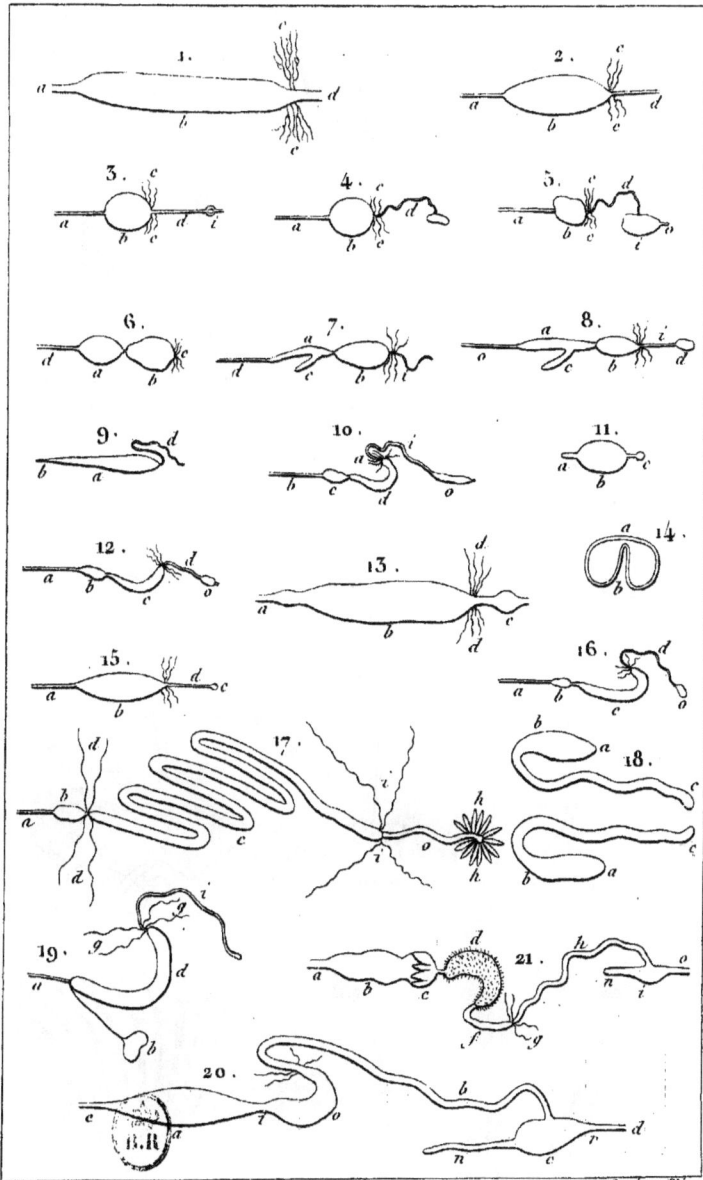

Pl. 29.

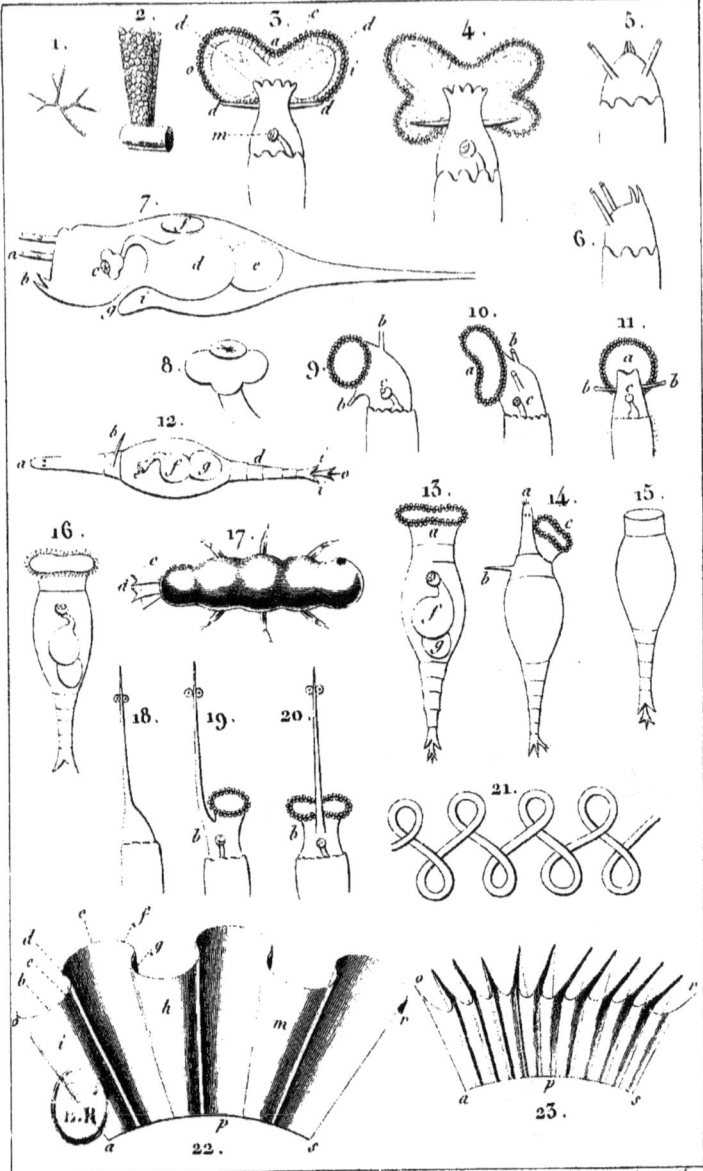

Dessiné par Leblanc.

Gravé par Plée.

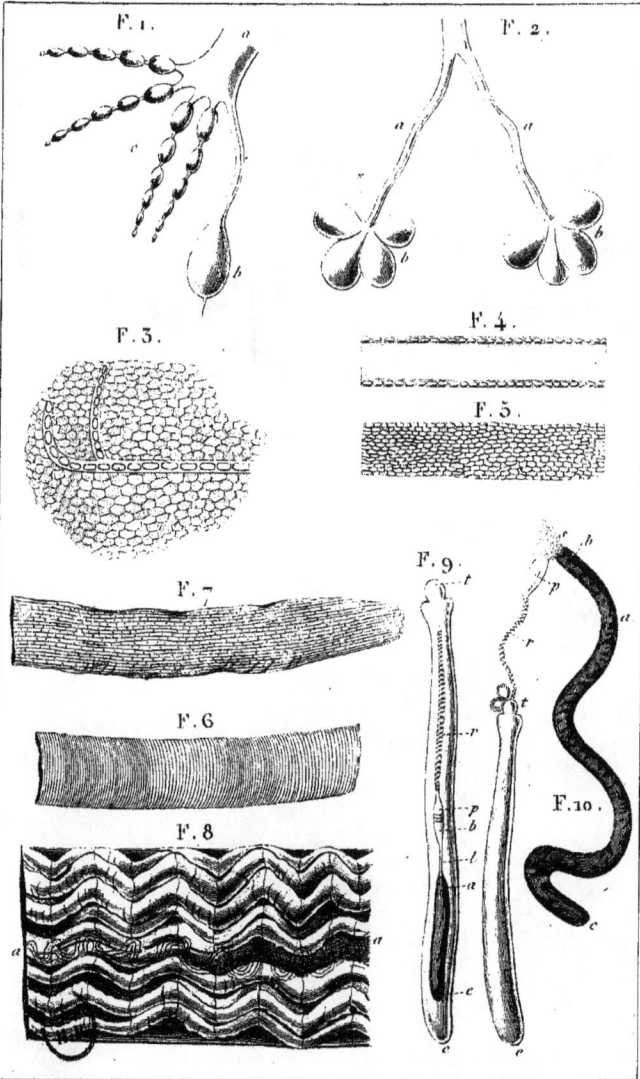

F. 1.

F. 2.

F. 3.

F. 4.

F. 5.

F. 7.

F. 6.

F. 8.

F. 9.

F. 10.

Dessiné par L. Leblanc.   *Gravé par Plée.*

Défauts constatés sur le document original

Contraste insuffisant ou différent, mauvaise qualité d'impression

Under-contrast or different, bad printing quality

www.ingramcontent.com/pod-product-compliance
Lightning Source LLC
Chambersburg PA
CBHW070807210326
41520CB00011B/1868